科学可以这样看丛书

量子纠缠（修订版）

〔英〕布莱恩·克莱格　著

刘先珍　译　张露露等　译校

重庆出版集团 重庆出版社

The God Effect: Quantum Entanglement, Science's Strangest Phenomenon
Copyright © 2006 by Brian Clegg
This edition arranged with St.Martin's Press,LLC.
Through Big Apple Tuttle-Mori Agency,Labuan, Malaysia.
Simplified Chinese edition copyright:
2022 Chongqing Publishing House
All rights reserved.
版贸核渝字（2022）第110号

图书在版编目（CIP）数据

量子纠缠 / (英) 布莱恩·克莱格著；刘先珍译. — 修订本. — 重庆：重庆出版社, 2018.7（2024.5重印）
ISBN 978-7-229-13039-8

Ⅰ.①量… Ⅱ.①布… ②刘… Ⅲ.①量子论 Ⅳ.①0413

中国版本图书馆CIP数据核字(2018)第020830号

量子纠缠（修订版）
Quantum Entanglement
〔英〕布莱恩·克莱格著　刘先珍　译　张露露等　译校

责任编辑：周北川
责任校对：廖应碧
封面设计：王平辉
版式设计：白一岑

重庆出版集团
重庆出版社　出版

重庆市南岸区南滨路162号1幢　邮政编码：400061　http://www.cqph.com
重庆市国丰印务有限责任公司印刷
重庆出版集团图书发行有限公司发行
E-MAIL:fxchu@cqph.com　邮购电话：023-61520417
全国新华书店经销

开本：720×1000　1/16　印张：14.5　字数：189千
版次：2011年6月第1版　印次：2024年 5月第2版第13 次印刷
ISBN 978-7-229-13039-8
定价：39.80元

如有印装质量问题，请向本集团图书发行有限公司调换：023-61520417

爱因斯坦认为
太神秘、太奇特、
不可能为真实的现象

什么是纠缠？它是量子粒子之间的连接，是宇宙的结构单元。一旦两个粒子发生纠缠，当一个粒子发生变化，立即在另一个粒子中反映出来，不管它们是在同一间实验室，还是相距数亿光年。这种现象及其含义看起来是如此有悖于常理，以至于爱因斯坦本人称它为"幽灵一般的"，并且认为它将导致量子论的衰落。然而，科学家们后来发现，量子纠缠——"上帝的效应"，是爱因斯坦很少犯的——但也许是最大的——错误之一。

这意味着什么呢？更全面地了解纠缠的本质提供的各种可能性，读起来就像是出自于科幻小说：跨越星球的通信装置，无法破解的密码，在速度和功率方面让今天的计算机相形见绌的量子计算机，隐形传输，等等。

在《量子纠缠》中，资深科学作家布莱恩·克莱格描述了纠缠及其历史和应用。该书可读性强，引人入胜，全书不含公式。布莱恩·克莱格和阿米尔·艾克塞尔的书迷们以及那些对量子的各种奇异可能性感兴趣的人们，将会发现此书令人爱不释手。

To

Gillian, Rebecca, and Chelsea

谨以此书

献给

吉莉安、丽贝卡和切尔西

目录

序

如果你认为科学是可以预测的、具有颠覆常识性的事物——也许有一点枯燥乏味——那是因为你还没有遇到量子纠缠。作为一种非常奇特且无处不在的物理现象，量子纠缠颠覆了常理，因此，本书称其为"上帝效应"。量子纠缠无法用常用的语言加以解释，它可在瞬间从宇宙的一端传到另一端。有人推测纠缠是生命的来源，也可以用来解释神秘的希格斯玻色子（Higgs boson）——上帝粒子的机理。从牢不可破的密码术到远距传物，纠缠都具有巨大的应用潜力。它是科学中最奇怪的效应，然而却很少有人听说过它。

从前，科学似乎简单直接。在19世纪下半叶，曾因支持进化论而获得"达尔文（Darwin）的坚定追随者"之称的英国自然教授托马斯·赫胥黎（Thomas Huxley）将科学描述为"仅仅是经过处理并组织过的常识罢了"。然而，在接下来的一个世纪当中科学上所发生的变革，尤其是在物理学上的变革证明他真的是大错特错了。

就拿量子电动力学来说吧，这个理论解释了物质和光的相互作用。量子电动力学是理查德·费曼（Richard Feynman）在一次公开演讲中描述的。理查德·费曼是20世纪美国杰出的物理学家，他被认为是活跃在科学界的少数几个真正的天才之一。（如果你从未听过费曼的演讲，那就想象一下托尼·柯蒂斯（Tony Curtis）朗读下述语句的情景）：

1

从常识的角度来看，量子电动力学理论将自然描述得非常荒谬，但它与实验结果非常吻合。因此，我希望你能够接受自然的本来面目——荒谬。

我将饶有兴趣地将这荒谬之处告诉你，因为我发现这让人心情愉快。请不要封闭自己，因为你无法相信自然是如此奇特。只需听我娓娓道来，而且我希望你在这个过程中与我一样心情舒畅。

本书的主题量子纠缠将使得费曼备受鼓舞的荒谬性和愉悦感上升到了新的水平。纠缠本身就已经非常引人注目了，但更令人称奇的是最近发现的对该奇特现象在现实世界中的应用。请准备好体验惊异和神奇吧。

深入讨论

在本书成文时期，量子纠缠是一个正快速发展的领域，几乎每周都有新的发现。如果你想更深入地阅读，请访问"通俗科学"网站：www.popularscience.co.uk，了解有关纠缠发展的专题报告及推荐的其他探索量子世界和延伸开的更广泛的科学和数学的书籍。

我在本书中略去了参考文献编号，以免打断本书的流畅性。不过，从203页尾注一节开始，我提供了引用、文献来源及论文等详细的参考文献，以帮助更加深入地阅读。

关于艾丽斯和鲍勃的注记

在研究量子纠缠的科学家中存在一个由来已久的惯例，即将纠缠过程一端的所有者称为艾丽斯（Alice），而将另一端的所有者称为鲍勃（Bob）。通常，在此空洞的情景内，艾丽斯试图向鲍勃发送一个信息。

该惯例起源于密码学，其中同样的名字［同时还包括其他小角色，如窃听者夏娃（Eve）］已在这些角色中使用了很多年。随着时光的流逝，这些名字的真正出处已经为人们所遗忘，显然，他们只是创造出来为几何图形暗点A和B提供更有意义的标签而已，对某个特别年龄段的人来说，听到"鲍勃"和"艾丽斯"，不禁就会想起现在已经非常过时的一部1969年的电影《鲍勃、卡罗尔、泰德和艾丽斯》（*Bob&Carol & Ted & Alice*），但同时也不堪再继续回忆下去。

有它值得保持的实际价值，但艾丽斯和鲍勃在量子纠缠中的作用纯粹是习惯性的，并不传递任何有价值的东西——所以，就不要绞尽脑汁地去回想这部电影了，它们不会再在本书中出现。

Chapter 1

Entanglement Begins

第一章　纠缠的开始

人们通常会发现，法律就是这样一种的网，触犯法律的人，小的可以穿网而过，大的可以破网而出，只有中等的才会坠入网中。

——威廉·申斯通（William Shenstone），《人与风俗论文集》（*Essays on Men, Manners, and Things*）

纠缠，这是一个含义丰富的词语。它让人想到被羊毛球缠住的小猫，或者两个人之间复杂的人际关系。但是，在物理学中，它指的是一个非常特殊而又奇特的概念。它是如此奇异而又重要，因此，我把它称为"上帝效应"。一旦两个粒子发生纠缠，那么不管它们处于何处，两个粒子之间都保持着强大的直接关联，利用这种关联可以实现看似不可能完成的任务。

为了进一步了解量子纠缠，我首先需要阐述"量子"这个词。我们研究的"量子"，是构成现实事物的微小能量和物质。一般而言，对于大量存在的同种结构的微粒，不管是光的光子、物质的原子还是亚原子粒子（如电子），量子都是它们的组成微粒。

同量子打交道意味着我们研究的是某些数量特定的可测量对象，而不是连续变化的量。实际上，量子化事物和连续事物之间的差别类似于数字信息（基于0秒和1秒的量子）和模拟信息（可承载任何数值）之间的差别。在物理世界中，量子通常是非常小的单元，正如量子跃迁是非常小的变化一样——这一点与其在日常用语中的意义颇为不同。

作为本书的核心，量子纠缠现象就是这种微小粒子之间的关联，但正是这些费解的微小粒子构成了我们周围的世界。在量子层面上，粒子可以被完全地连接起来，而被连接的对象（如光子、电子、原子）实际上就成为同一事物的组成部分。即使这些纠缠的粒子后来被分隔到宇宙相反的两端，它们仍然保持着这种奇异的关联。一个粒子发生的变化立即在其他粒子中反映出来——不管它们之间相隔多远。上帝效应无处不在，这令人感到不安。

这种不受限制的关联使量子纠缠得到引人瞩目的应用。在数据加密中，这种关联可使秘钥的传送不被截获。这种关联在量子计算机的运行中也起到根本作用——在量子计算机中，每个比特都是单个亚原子粒子；量子计算机的计算性能超过任何传统计算机，这样的程序恐怕要运行和宇宙的寿命一样久。纠缠还使远距传输有了可行性，即从一个地方向另一个地方传输粒子，甚至物体，而不通过两个地方之间的空间。

纠缠为距离相隔的两个粒子建立起亲密的连接，这种违背常理的能力不仅使我们觉得奇怪，而且物理学家也一样觉得奇怪。阿尔伯特·爱因斯坦（Albert Einstein）对量子论起源有直接的贡献，而在量子论中，纠缠是必然的。但是，爱因斯坦对纠缠的远距作用方式（纠缠的粒子不通过任何东西连接）很不安。他在致同行科学家马克斯·玻恩（Max Born）的一封信中，将量子论不受空间阻隔的能力称为"可怕的远距效应（*spukhafte Fernwirkungen*）"，即幽灵一般的远距作用。

你认为这种物理学是合理的，我却没有充分的理由来解释我对其的态度。我无法真正地相信量子论，因为物理学应该表现出时间和空间的真实情况，不受幽灵一般的远距作用的影响，而量子论与这一观点不一致。

埃尔温·薛定谔(Erwin Schrödinger)在《剑桥哲学学会会刊》（*Proceedings of the Cambridge Philosophical Society*）的一篇文章中，将"纠缠"的英语单词"entanglement"带入到物理学领域中。有趣的是，虽然薛定谔是德国人，但他当时在工作和发表文章时都是使用英语——这也许是他选择英语词汇表示该现象的原因——而德语中对这种现象的表达"Verschränkung"，与他选择的英语单词有着截然不同的意义。

"entanglement"这个英语单词有着微妙的负面含义，它给人一种失去控制和陷入困境的感觉。而德语单词"Verschränkung"更具结构性也更中立——它的含义是折叠、以有序的方式交叉。绳子打结、混乱缠在一起可称为"纠缠"（entanglement），而仔细编织的挂毯则是"Verschränkung"。实际上，这两个单词都不是很理想。量子纠缠现象也许并非像"entanglement"一词所暗示的那样无序，但 "Verschränkung"的意味略显苍白，"entanglement"较之意味更强，也更能体现本质。

量子论认为纠缠应该存在，而爱因斯坦认为这个预测正表明了量子论毫无道理可言。对爱因斯坦来说，纠缠这个概念是一个魔咒，挑战着他关于"世界到底由何组成"的观点。这是因为纠缠似乎违背了定域性这个概念。

定域性是一种显而易见的原则，我们通常潜意识地肯定着这个原则。如果我们想要对与我们没有直接接触的某物施加作用——推它一下，向它传递一则信息，或其他任何作用——我们都需要通过另一些东西将目标物体与我们联系起来。通常，这些东西涉及直接接触，比如我伸手去够咖啡杯，拿起咖啡杯，把它移到嘴边。但是，如果我们想对远距离的某物施加作用，而不跨过这中间的距离，我们就需要将媒介物从一个地方传送到另一个地方。

想象一下，你对着一听放在篱笆上的罐头扔石头。如果你想把罐头打下来，你不能只是看着它，然后依靠某种神秘力量让它跳到空中，你必须朝它扔一块石头。你的手扔出石头，石头飞过空中，撞到罐头上；只要你瞄得准（而且罐头没有被锁在篱笆上），罐头就会被打下来，你就可以得意一把了。

同样，如果我想与房间另一头的某人讲话，我的声带振动，推动最近的空气分子。这些空气分子发出一系列声波，使分子波动穿过两人之间的距离，直到最后振动到达另一人的耳朵，使他的耳膜振动，这样，他就听到了我的声音。在第一个例子中，石头是媒介物，而在第二个例子中，媒介物是声波；但在两个例子中，实质上都存在某物从A移动到B。这需要移动——移动需要时间——这是定域性的关键所在。定域性表明，如果不通过媒介物，你无法对一个遥远的物体施加作用。

各种证据显示，人们天生就认为远距离作用力是反常的。对婴儿的研究表明，他们并不接受远距作用，而是认为一个物体要对另一个物体施加作用，两者必须接触。

这似乎是一个夸张的断言。毕竟，婴儿几乎无法告诉我们这就是他们的想法，而且也没有人能够记得自己出生几个月时是如何看待世界的。研究者找到一个十分巧妙的方法来解决这个难题：研究者不停地重复某一特定的场景，使婴儿感到厌倦，然后在重复许多次之后，对这一场景的某些方面进行微小的改变，再观察婴儿如何反应。如果新的运动中有可见的接触作用，婴儿的反应较小；如果新的运动中有远距作用，婴儿则有较大的反应。如果用手推玩具，使其移动，婴儿并没有什么反应；如果玩具自己动起来，婴儿则会多看几眼。虽然我们的确无法直接推断婴儿不喜欢远距作用，但是，观察结果表明婴儿注意到了远距作用，并且整个事情让他们感觉异乎寻常。

下一次，当你观看魔术师操控远处的物体时，你可以试着观察一下自己的反应。当魔术师的手移动时，球（或任何他正在控制的物体）也在移动。你的大脑抵制看到的景象。你知道这里面肯定有名堂，肯定有什么东西将手的动作和物体的移动联系在一起，不管是直接（譬如，通过非常细的线）或间接（也许在你盯着魔术师的手时，有人藏起来在暗中移动物体）。你的大脑坚信远距作用是不真实的。

然而，尽管远距作用看起来不真实，但这并不排除其真正发生的可能性。如果我们懂得更多，我们就会不再满足于表面现象，而是进一步去观察那些貌似自然的东西。与猫狗不同，我们在很小的时候就知道电视屏幕后面没有真正的小人。同样，现代的孩子都学过引力，引力本身就像远距作用。我们知道引力可以从很远的距离外施加作用，然而彼此吸引的两个物体之间并不存在显然的联系。引力似乎对定域性的概念提出了一个主要的挑战。

随着牛顿世界观（Newtonian）的形成，万有引力的概念也出现了。但早在古希腊时期，那时还没有任何引力的概念出现，人们就已经意识到了其他明显的远距作用。琥珀在被布摩擦之后可以吸引重量轻的物体，比如将纸片吸过来。磁石（一种天然的磁体）可以吸引金属；当将它们放在软木上浮于水面之上，磁石会旋转，最后指向某个特定的方向。在以上两个情况中，都没有什么明显的联系使作用发生。被吸引的物体朝着发出引力的物体（如浮在水面上旋转的磁石以及静电）运动，带静电的琥珀就像施展魔法一样召唤它的"纸屑随从"。

对于这些现象，古希腊的不同学派予以了不同的解释。其中一个学派，即原子论者，认为所有事物要么是原子，要么是真空——并且没有事物能够通过真空施加作用，所以在引发效应和发生效应的两个物体之间，一定存在连续的原子链。其他古希腊哲学家将远距作用归因于共鸣作用，他们认为某些材料彼此间存在内在的吸引力，就像一个人吸引另一个人一样。古希腊思想中还有第三种解释——超自然力量的作用，而第二种解释仅仅是第三种解释的一个变体。第三种解释认为存在某种东西，可以提供某种神秘的力量来产生这些效应。在古代，作为占星术的原理，这种观点广受推崇。即使没有科学证据的支撑，占星术依然盛行了很长时间，在占星术的观点中，星球具有超自然的力量，影响着我们生活的方方面面。

大约两千年后，牛顿将这些现象描述为一种显然的远距离作用——引力——的结果，展示出他卓越的才智。然而，在没有任何中介物的情况下，一个物体如何影响另一物体？对于这个问题，牛顿的解释并不比古希腊人强多少。他在1688年出版的著作《数学原理》（*Principia Mathematica*）一书中提到：

迄今为止，我们用引力作用解释了天体及海洋的现象，但还没有找出这种作用的原因。这种作用力必定有一个来源，它能渗透到太阳与行星的中心，而且它的力不因此而受丝毫影响；如力学作用一样，它所发生的作用与它所作用着的粒子表面的量无关，而是取决于它们所包含的固体物质的量；它还可以朝所有方向施加作用，并传递到极远的距离……

但迄今为止，我还无法从各种现象中找出引力的这些特性的原因，我也不构造假说。因为，凡不是来源于现象的推断，都应称其为假说；而假说，无论是物质的还是非物质的，无论它是具有力学原理还是具有神秘特质，在实验哲学中都没有地位。在这种哲学中，特定的命题都是由现象推导而出，然后才用演绎法推广到一般情况……引力的确存在，它按照我们所解释的规律起作用，并且它足以解释天体和海洋的运动。对于我们来说，这已足够了。

这段引述包含了牛顿（Newton）最著名的名言之一，即"我不构造假说"（I frame no hypothesis 拉丁语原文为"hypotheses nonfingo"）。科恩（Cohen）和惠特曼（Whitman）翻译的《原理》（Principia）现代版本指出"fingo"是一个贬义词，暗示了编造，而不是词义明显为中性的"构造"。牛顿想表达的是引力确实存在，而并不打算提供一个非经验性的猜想来说明引力是如何作用的。有些人依然认为引力与占星术一样具有某些神秘的机理，但大多数情况下人们对引力的作用方式避而不谈，直到爱因斯坦出现。

爱因斯坦的研究有一个基本原理：光的传播速度是最快的。在第五章，我们将重新回顾这条基本原理的论证（以及超光速所带来的启示）。但是在那个时候，相对论为远距作用敲响了丧钟。自1676年以来，人们就知道，光以有限的速度传播。当时，丹麦天文学家奥列·罗默（Ole Roemer）第一次有效地测定了光速（目前测定为186 000英里/秒左右。1英里大约等于1.609千米。责编注）。爱因斯坦证明了运动速度无法超越这个限制。任何东西，甚至引力，都无法传播得比光快。这是一种极限状态。

我们仍然无法准确知道引力是如何作用的，但在21世纪初，实验终于证明了爱因斯坦关于速度极限的理论——引力确实以光速运动。假如太阳突然消失了，我们在8分钟之后才会看到它消失的状况，并且在那时我们才会感知到太阳引力消失造成的灾难性后果。在这种情况中，定域性起着作用。

至少情况似乎如此。直到一位不太知名的北爱尔兰物理学家约翰·贝尔（John Bell）通过实验证明了纠缠的存在。纠缠是真正的远距作用，迄今为止都一直困扰着许多科学家。当然，如今我们对宇宙有了更复杂的认识，而且我们必须面对一个事实，那就是"距离"本身的概念也许并不像过去那样清晰明了。杜克大学（Duke University）的理论物理学家柏恩特·米勒（Bernder Muller）认为，量子世界具有另一个看不见的维度，通过此维度，空间上相隔的物体可以进行相互作用，就好像它们并排在一起一样。其他人则猜想，对于相互纠缠的粒子来说，空间距离是无形的——也就是不存在的。尽管如此，仍然有人固执地认为任何事物都不可能运动得比光快，就算这个事物没有实体且不能携带信息。

虽然，人们经常提到爱因斯坦反对量子论（通常引述爱因斯坦"上帝不会投骰子"的名言），他驳斥量子论对概率论的依赖性；但是，真正挑战爱因斯坦对真理的看法的，是量子论违背了定域性。爱因斯坦的朋友马克斯·玻恩曾将一篇文章的手稿寄给他，他写了一系列尖锐的评论，明确地显示出了这一点。

> 整个想法的提出是非常草率的，为此，我必须有礼貌地提出异议……我们认为存在的（真实的）任何东西，都以某种方式处于时间和空间中……［否则］人们必须假设［位置］B中现实存在的真实事物，会因对［位置］A中的事物的测定而发生突然的变化。我的物理学直觉对此感到恼怒。然而，如果人们放弃这个假设——空间不同部分存在的事物有其自身的、独立的、真实的存在性，那么，我就无法明白物理学想要描述的是什么。

纠缠现象挑战了定域性，使得远距作用再次有了实现的可能性。这种现象出自量子论——一门研究微小粒子的现代科学。为了理解纠缠这个概念，我们需要追溯量子论的发展。量子论最开始只是用来解释一个令人困惑的现象，这种解释模糊却又实用；发展到后来，量子论形成了庞大的体系，足以推翻整个经典物理学。

马克斯·普朗克（Max Planck）是19世纪一位具有深远影响力的科学家，他是真正引入量子观念，去解释其他方法无法解释的问题的第一人。普朗克于1858年出生于德国的基尔（Kiel），他差点因为慕尼黑大学（University of Munich）的教授菲利普·冯·约利（Phillipp von Jolly）而放弃物理学。冯·约利对物理学表现出悲观的态度，认为对于一位年轻人来讲，研究物理学就是一个毫无出路的事业。冯·约利认为，除了少量的例外情况，当时的物理理论完全可以解释世界上绝大部分的事物，剩下需要做的仅仅是完善一下结果，让小数点后多几位数字。普朗克本可以转移兴趣去发展他的音乐才能，成为一名音乐会上的钢琴师，但是他还是坚守在了物理学上。

幸好他坚持下来了，因为冯·约利真的大错特错了。正是那些"少量的例外"之一——被人们戏剧性地称为"紫外灾难"的事件，开启了对物理学（被冯·约利称为"近乎完美"的物理学）的挑战。普朗克在这一领域的工作也足以让他跻身伟人之列。根据当时最精确的计算推断，黑体（一个特有的物理学简化说法，指一种能够完全吸引和产生辐射的物体）应该发射各种频率的射线，而且会产生越来越多的高频光线，进而产生无限量的能量。这很明显与事实不符。室温下，物体只会发射出少量的红外线，而不会发出蓝色的高能量紫外线。

1900年，为了解释这种看似不可能出现的推断结果，普朗克将物质辐射或吸收的电磁能量划分成固定的单位（后来爱因斯坦将其称为量子）。这是马克斯·普朗克永远介怀的东西。他写道：

> 整个过程都让人感到绝望，因为我必须不惜代价来找到理论上的解释，不管这个代价有多大。

对普朗克来说，这些"量子"并不是真实存在的，它们被看做是一种工具，以帮助他找到可行的解释；这种研究方法与真实存在的物体没有任何直接联系。普朗克认为，他的这些"量子"都是虚构的，不同于真实的物体，它们就好像是数字一样。数字"三"（与表示数字三的符号"3"不同）并不是真实物体，我无法将"三"拿给你看，也无法画出"三"的样子或是测量出"三"的重量，但我可以向你展示三个橙子——当我要计算橙子的数量时，这个数字就是非常有价值的了。同样，普朗克认为量子并不存在，它们只是在计算光及其他形式的电磁辐射能量时颇有价值。

有趣的是，普朗克对量子的态度有些类似于《天体运行论》（*De Revolutionibus*）的匿名序言所表达的思想。《天体运行论》是尼古拉·哥白尼（Nicholas Copernicus）的著作，在该书中，他挑战了太阳围绕地球运动的观点。那篇附加的序言可能是由安德莱斯·奥席安德（Andreas Osiander）所写，他是一名牧师，在哥白尼生病期间负责该书的出版。序言介绍说，书中的日心说理论纯属假设，仅是为了方便计算，不必与事实相联系起来。这与普朗克对量子的看法颇为相似。

爱因斯坦比普朗克晚21年出生，对于量子不是真实存在的事实，他并不怎么感到烦恼。在他1905年撰写的一篇著名的论文中（后来他凭这篇论文获得了诺贝尔奖），他提出光实际上就是由这些量子所构成。他想象光并不是连续的波，而是可以被分成一小份一小份的能量。仅仅从论文的题目《关于光的产生和转化的一个启发性观点》（*Über einen die Erzeugung und Verwandlung des Lichtes betreffenden heuristischen Gesichtspunkt*），人们还无法看出爱因斯坦的观点多么具有革命性。但是它就是充满革命性。因为人们当时能够确信的是——至少在爱因斯坦改变这一切之前，人们是确信的——光是一种波。

艾萨克·牛顿（Isaac Newton）一直认为光是由粒子组成的，由于牛顿的盛名，这种观点流行久远。但是在20世纪之前，粒子与波的争议并没有出现。光所表现出的特性使其具备了波的性质，比如光可以绕过障碍物，就如海水绕过防波堤那样。在1801年，托马斯·杨（Thomas Young）通过一项简单的实验证实了，光在通过两道狭缝时可以产生干涉图样。叠加的光线在屏幕上投下了明暗相间的条纹，明暗之处刚好与光波加强或抵消的地方相对应，这跟水面上的水纹情况相同。没有其他解释可以说明光的这种特性。

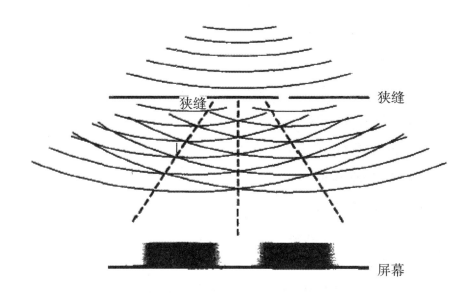

图1.1　杨用两道狭缝做实验，证明了光是波。虚线表示的是光加强的地方，在屏幕上显示出了亮条纹。

举例来说，那时的科学家不可能认为这些干涉图样是由一系列的粒子产生的。从光源到屏幕，粒子只能沿着一条单一的路径运动。让一股粒子穿过两道狭缝后照理说会出现两处亮光区（每道狭缝后一处）和大片暗区，而非明暗相间的图样；但从杨开始，人们每次做这个实验时都会得到这样的图案。

在那篇关于光的论文中，爱因斯坦不仅研究了普朗克所提出的量子，而且证明了黑体腔的射线与气体粒子的特性相同——他能够将适用于气体的统计技术运用到黑体腔射线上。另外，爱因斯坦预测，如果光真的是由单个的量子而非连续的波组成，那么当光照在某些金属上时会产生微量的电流。但这只是猜想，还有待证实。这种光电效应真正使这篇论文具有了重要意义。

对于自己所构想的概念被赋予了真实性，普朗克并不支持，相反，他以一种高高在上的态度来批评爱因斯坦。1913年，普朗克推荐年轻的爱因斯坦进入普鲁士科学院（Prussian Academy of Sciences）时，他认为爱因斯坦有时"在他的推测中迷失了目标，比如他关于光量子的理论……"，但是他也表示学院的人不会因此而对他抱有成见。

同年，爱因斯坦的观点被另一个人吸收并加以完善，这个人后来成了爱因斯坦在量子论领域（尤其是量子纠缠方面）主要的论辩对手——他就是尼尔斯·玻尔（Niels Bohr）。

玻尔于1885年出生于丹麦的哥本哈根（他比爱因斯坦年轻10岁左右），他的家庭有着深厚的学术渊源。父亲是一名哲学教授，弟弟是一名数学教授。在哥本哈根获得博士学位之后，玻尔来到英国，先是在剑桥工作，后来又到北方的工业城市曼彻斯特，与物理学家欧内斯特·卢瑟福（Ernest Rutherford）共事。卢瑟福出生于新西兰，因发现了原子核而闻名于世。

1913年，根据爱因斯坦的量子学说，玻尔设计了一个原子结构模型，以解释原子的原理。他认为原子由原子核与电子组成，原子核体积小而质量大，居于原子中心；而体积小得多的电子围绕在其周围，就像太阳与围绕其运行的行星一样。尽管这种原子模型很快就被科学界遗弃，但是却受到普通大众的欢迎，尤其是在20世纪50年代，电子围绕原子核旋转的图形广为流传——甚至，直到今日，小孩通常还是通过这种图形来初次认识原子。虽然这是错误的，但是我们很难摆脱这种图形的影响，现在我们知道原子的构造并不是这样的。

当然，严格来说，我们在描述任何物理现象时，都会出现这样不精确的情况，尤其是那些规模过大或过小的现象，我们很难去理解它们。从原子到大爆炸，我们都是运用"模型"来解释世界运行的原理，就好比用比喻来表示科学原理。动画电影《怪物史莱克》（Shrek）的一段对话表示，如果按照字面意思来理解比喻（以及模型），那么比喻就会造成误解。

电影中的主人公史莱克说，怪物就像洋葱，因为它们都有很多层。而他的朋友驴子却理解得过于直接，以为怪物像洋葱是因为它们都有臭味，会令人流眼泪，或是丢在太阳下会发芽。如果你过于照字面或过于发散地理解比喻和模型，那它们有时可能比行星原子结构模型那样的插图更具误导性。

物理学家尼克·赫伯特（Nick Herbert）曾说过，"每当我为小学生画出广为流传的行星原子结构模型图来展示原子时，我感觉自己是在欺骗人；哪怕是在他们祖父母那个年代，人们就知道这种模型是一个谎言"。科学作家约翰·格里宾（John Gribbin）对此坚决提出了批评，他严厉地反问道："这种模型是谎言吗？不！至少比起其他原子结构模型，它更接近事实。"但这种批评对赫伯特来说是不公平的——事实上，有些原子结构模型比其他模型更接近事实。

行星模型虽然受到批评，但是比起过去的"葡萄干布丁"模型，它更为完善。在"葡萄干布丁"模型中，带负电荷的电子分散嵌在一个均匀的正电荷体上，就像水果嵌在布丁上一样。同样地，比起更新的原子结构模型，行星模型也更有误导性。新的模型认为，电子的运动方式并不像行星绕太阳运动那样井然有序。

实际上，玻尔刚刚提出行星原子结构模型时，就面临着一个问题（这个问题也涉及到了爱因斯坦的量子理论）。不管是绕太阳运行的地球，还是绕地球运行的月球或人造卫星，轨道中的卫星都不断地在加速。这不是表示卫星速度会越变越快，因为这是一种不同类型的加速度。自牛顿以来，人们就已经知道如果不施加外力，物体会一直保持匀速直线运动。如果没有引力的持续作用将卫星拉离直线，令其沿曲线运动，卫星就会沿直线飞出轨道；而任何物体受到外力作用就被认为具有加速度。

在这种情况中，加速度并不是直线赛车沿着赛道加速那样的直线加速度，而是角加速度。受角加速度的作用，速度大小保持不变，而方向发生了变化。作为运动快慢的真实量度，速度包含速率和方向两个因素。尽管速率保持不变，但是方向不断发生变化，所以速度也是在不断变化着的——卫星就是这样的情况。在稳定的轨道中，如果不受任何阻力，卫星可以永远运行；但如果电子也是这样的情况，则会出现一个不同的问题，那就是电子会向内做螺旋运动，最后撞上原子核。

玻尔知道，电子加速时通常会发出光线，这必然意味着失去能量——所有的电磁辐射（比如光），都具有一定量的能量。电子沿轨道运行并不断加速，在发射光线后迅速失去能量，最后毁灭性地撞上原子核——但这并没有发生。（幸好如此，否则现实存在的物质中的每个原子都会在被创造出的瞬间自我消亡。）因此，玻尔巧妙地将电子置于假想的轨道上。

玻尔认为，电子绕原子核运行的轨道，并不是通常意义上的轨道。他假想电子被束缚在固定的环道上运动，这些环道仍然被称为轨道。一旦处于轨道上——玻尔称之为定态——一般的规则便不再适用：似乎这些假想的轨道限制住了光子，防止了能量的外泄。电子可以从一个轨道跳跃到另一个轨道，同时释放或吸收一个光子，而不可能处于两个轨道间的任何位置。电子不可能逐渐内移，撞上原子核，它们只会瞬时间在固定的轨道之间跳跃。量子在不同轨道间跳跃并伴随着吸收或释放能量的现象，被称为量子跃迁。通过这种现象，玻尔用数字化的方法来阐释原子。

　　我后面还会讲到尼尔斯·玻尔，但在那之前，我需要介绍改造和完善了他的理论的量子论少壮派，其中包括路易·德布罗意亲王（Prince Louis de Broglie）、沃纳·海森堡（Werner Heisenberg）、艾尔温·薛定谔（Erwin Schrödinger）和保罗·狄拉克（Paul Dirac）。传统上光被看做是一种波，然而爱因斯坦则将光视为粒子。德布罗意证明了基本粒子（如电子）也可以表现出波的性质，以此推翻了爱因斯坦的观点。玻尔的轨道模型看似很吸引人，但海森堡却置之不理，自己创立了矩阵力学，用十足抽象的数学来描述量子论所涉及的过程。薛定谔则提出了一种新观点，描述了德布罗意所提出的波是如何随时间变化的，这种观点被称为波动力学；而狄拉克证明了海森堡和薛定谔两人的方法完全相同，将两种力学合成了量子力学。

　　然而，在量子力学的花园中，并不是所有的观点都完美自洽。如果我们将薛定谔的波动方程视为对量子粒子特性的精确描述（这正是他所期望的，因为他不喜欢海森堡矩阵的抽象性，认为它没有用图形来解释量子现象发生的过程），那么问题就出现了——如果像电子这样的粒子是一种纯粹的波，且具有薛定谔方程所描述的特性，那么它会向各个方向展开，迅速地变得巨大；薛定谔方程还具有其他方面的复杂性：这些方程使用到了虚数，而且当涉及到多个粒子时，它们需要涉及三个以上的维度。后来，另一名新生代的物理学家，爱因斯坦的朋友马克斯·玻恩，找到了解决方案，让波动方程可以真正地被运用。

　　玻恩与爱因斯坦的社交关系无比密切，但是他将一个非常简单的概念——概率——引入到了量子论，令爱因斯坦和其他人为此困扰万分。为了让薛定谔的波动方程能够合理反映所观察到的世界，他建议不要描述电子（举例来说）如何运动，也不要揭示电子作为一种实体的本质，而是描述电子在某个地点出现的概率。于是，这个方程并不是对电子特性的清楚描述，而是大概地对电子可能出现的地点进行定位。玻恩的做法，就仿佛是将我们对世界的认识从精确的现代地图引到了中世纪模糊的地图，只是在某一处标注着"这里是电子"。

概率被引入到了量子世界，在此基础之上，海森堡提出了不确定原理。沃纳·海森堡指出量子粒子具有成对的属性，我们不可能同时精确地测量出其数值（属性指一个物体能够被测量的各个方面，如质量、位置、速度等）。对其中一个属性测量得越精确，对另一个属性的测定则越不准确。比如，一个粒子的动量测量得越准，则对其位置的测定越不精确。〔物理学家约翰·珀金霍恩（John Polkinghorne）将动量客观地描述为"正在做的事情"，动量等于粒子的质量乘以它的速度（方矢量）。〕最极端的设想是，如果你确切地知道了一个量子粒子的动量，那么它的位置可以是在宇宙的任何地方。

牛津大学（University of Oxford）计算机实验室的皮特·莫里斯（Peet Morris）提出了一种描述不确定原理的好办法。想象你给一个高速飞过的物体拍照，如果你能够非常快地按下快门，那么这个物体就被定格在照片中了。这样，你可以从照片上清晰地看到物体的样子，但是你无法从照片上得知它的运动情况。它可能是静止，也可能是高速飞过。反过来说，如果你慢慢地按下快门，物体则会在相机上显示出一片模糊的拖影。从这样的照片上，你无法看出物体的样子——它太模糊了——但是你可以清楚地看到物体的运动情况。动量与位置之间的矛盾就有些类似这种情况。

当你想尝试进行这样的测量时，这种不确定原理就变得很明显了。假设你用一束光来测定一个电子的精确位置。光能够确定的属性之一是波长——光波在假想的运动中经历了一个完整的波动，又回到相同的质点时光所传播的距离。

光的波长决定了它在测定粒子位置时的精确度。光的波长越短，所携带的能量就越多，电子被光照射时其动量受到的影响就越大。仅仅是注视着量子粒子就会令其发生变化——后来这成为了量子论的核心原理之一。

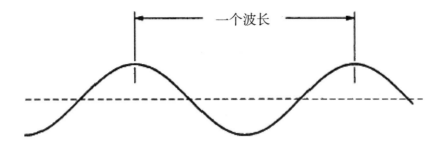

图1.2　光速进程中的波长

海森堡在一篇论文中将不确定原理描述为测量的副作用，这篇论文以显微镜为例，阐释了用于观测粒子的光对粒子有干扰作用；然而，这种阐释并不像它表面那样简单直接。在海森堡的原范例中，测量活动导致了不确定性——同时这暗示了如果没有任何测量活动，粒子的动量和位置就可能存在绝对值。

当海森堡将他的显微镜实例展示给尼尔斯·玻尔时，这似乎就是他最初的理解。然而，玻尔指出虽然不确定原理是正确的，但是显微镜这个例子完全是个误导。据说，海森堡听到之后无比难过。显微镜实例有一个假定的前提——它想象电子沿着一条清晰的特定路线运动，直到光中断了这种运动。但是根据量子论，事实并非如此。玻恩已经表明了薛定谔的波动方程描述的并不是粒子本身的运动，而是沿着某一条路径运动的概率。电子并不遵循特定的路径——只能说当进行测量时，人们可以获取某些数值。这些数值可以提供参考，指出电子在某个时刻可能出现的地方，而并不意味着电子会沿着某一特定路径到达此处。

　　这与17世纪哲学家提出的一个哲学难题类似———一棵树倒下时，如果当场没有人听到声音，那么树是否真的发出了声音？尽管如此，对于量子层面上到底发生着什么样的争论而言，这个观点至关重要，而且这也是导致爱因斯坦与其他许多同事发生分歧的原因之一。

　　事实上，爱因斯坦在早期的科学生涯中并不认可微观物理学中随机性的作用。奥地利量子物理学家安东·塞林格（Anton Zeilinger）曾指出，早在1909年在萨尔兹堡（Salzburg）举办的一次科学家与医师会议中（那次会议被庄重地称为德国自然科学家和医师协会的萨尔茨堡会议），爱因斯坦在发言时就谈到，他很难接受随机事件在最近的物理学研究中所扮演的角色。

　　从爱因斯坦与马克斯·玻恩的一系列信件往来中，我们可以明显地看出这一点。在1924年4月29日的一封信中，他写道：

　　　　电子在光照下可以自由地选择脱离的时刻与方向，对于这种观点，我感觉难以接受。如果是这样的话，我宁愿做一个鞋匠，甚至是赌场里的员工，也不愿做一个物理学家。

　　爱因斯坦无法接受这种随机性：他觉得在所观察到的现象背后应该存在一个严格的因果过程。他认为，如果我们观察到了所有事实，那么电子逸出金属的时间和方向都是可以预测的。与此相反，量子论则认为我们不可能知道电子会在什么时候、朝什么方向逸出。同样，量子论认为只有经过测量，量子才会具有位置———是测量活动令粒子的位置从一个概率变成实际的数值。而且，粒子的其他属性也是如此。

　　到了1926年12月4日，爱因斯坦完全被量子论激怒了，于是写下了以下这段著名的言论：

量子力学固然令人印象深刻，但是我内心深处有个声音告诉我，它还不是事实。这个理论能说明很多现象，但是它并没有真正让我们更接近"上帝"的秘密。无论如何，我都深信，上帝不会掷骰子。

爱因斯坦被激怒是因为概率论和统计学。在物理学中，随机效应并不稀奇，爱因斯坦自己在研究中也有效运用了统计学和概率论，例如，在描述布朗运动（Brownian motion）效应时（布朗运动指受到周围快速运动分子的碰撞，花粉和其他微小粒子在液体中做不规则运动的现象）。但是，他总是设想，在概率背后存在着实值。

例如，概率论表明，扔硬币时得到正面的概率是50：50——二分之一的概率。但是，任何一次扔硬币都会得到一个真实的、具体的结果，它要么是正面，要么是反面。而经过许多次扔硬币后，我们就能得到它的概率，其中每一次都有一个具体的结果。而现在玻恩和玻尔却说，至少在量子物理学中，我们要抛弃这个事实，所有存在的事物都是概率。爱因斯坦无法接受这个观点——他在实际发生的事情和用于预测结果的工具之间做了明显的区分。要明白他的问题所在，我们有必要谈谈概率的本质。

"统计学"和"概率"是经常使用的术语，人们热衷于使用它们，却不怎么考虑它们的准确性。维多利亚时期的英国首相本杰明·迪斯雷利（Benjamin Disraeli）曾说："世上有三种谎言：谎言、该死的谎言和统计数据。"

这种对统计学的蔑视可追溯到这个单词最初使用时的意义。当时，它指一种关于国家或社会事实的政治声明（"统计学"的英文单词"statistics"中，"stat"部分来自英文单词"state"，意为"声明"）。本杰明·迪斯雷利之所以这样抱怨，是因为统计学可用于支持几乎任何的政治辩论。但是，统计法在科学研究中的价值不应该因政治上的厌恶而被忽略。对于那些不可能单个监测的、数据庞大的项目，统计学可以给我们提供一个概况——现实中对气体的任何测量（例如，压力）几乎都是使用统计法，因为它结合了数以亿计的气体分子的影响。

另一方面，概率描述的是机会。通常，它描述某些可能发生或可能不发生的事情。在任何具体情况下，事情通常有一个实际的结果，我们可以事先给出那个结果的概率。当天气预报告诉我们有50%的概率下雨时，那么实际的结果就是下雨或不下雨。我们只是知道两者发生的机会是均等的。下面，我们来看看在前面提及的例子中——抛硬币——概率和统计学的运用。

假如你有一枚硬币，连续抛100次，每抛一次，将结果记录下来。概率论告诉我们，每次抛硬币，你获得正面或反面的概率是50：50。因此，根据概率论预测，抛100次硬币，平均你将获得50次正面和50次反面。如果我们真的数一数正反面的次数，也许会得到正面48次、反面52次。这些统计数字告诉了我们发生的事情。概率表示的是未来事情发生的可能性，而统计学描述实际结果；概率论告诉我们哪种组合发生的可能性更多或更少，而统计学揭示事实。如果我们抛更多次的硬币，统计结果将引导我们推导出50：50的概率。统计学和概率论两者之间存在联系，但只有当我们采用无限大的统计样本时，这两者才是等同的，而现实世界中不可能存在无限大的统计样本。

爱因斯坦认为，微观世界理应如此。这就好比我们有一台智能的抛硬币的机器，它可以自动地将所有正面的硬币送到一个封闭的斗中，将所有反面的硬币送到另一个斗中。我们可以通过斗的重量来观察结果。我们能得到的最接近事实的描述就是从统计数据推导出的一个概率——我们可以从重量看出有48枚正面和52枚反面，并且通过许多次实验之后，我们可以推导出50：50的概率。我们绝对没有看到一枚硬币或一次抛掷，但是我们知道硬币确实存在于机器中。与此类似，爱因斯坦深信，在概率背后存在着事实。他认为，在概率背后，有一组无法看到的实值。这些数值（有时称为隐藏变量）的存在与否，激起了整个关于量子纠缠的辩论。

虽然最开始用概率来解释薛定谔波动方程的人是玻恩，爱因斯坦也向他表达了自己的担心，但是在关于量子论是否能被接受的大辩论中，爱因斯坦的争论对手是年龄较大的尼尔斯·玻尔。玻尔并不在意最新的量子理论已经否定了他的原子轨道模型；他非常支持量子力学——事实上，由于玻尔的丹麦研究中心的支持，对量子现象的最广为认可的理解仍然常常被称为"哥本哈根解释"。

爱因斯坦喜欢在科学大会上用思维实验来挑战量子论的正确性，以此来挑战玻尔。特别是在索尔维（Solvay）会议上，当时众多的著名物理学家都聚集在这次大型科学集会上，而爱因斯坦非常成功地压制了这位来自丹麦的对手。

1927年，在布鲁塞尔举行的第五届索尔维会议上，爱因斯坦对玻尔的理论进行了第一次抨击。在听了许多名人谈论量子论的最新发展后，爱因斯坦描述了一个简单的实验，他认为这个实验暴露了量子论存在的一个基本问题。他假设发射一束电子并使其通过一道狭缝，在狭缝的另一边，电子（像波一样）会发生衍射，从狭缝扩散而开，而不是直线穿过狭缝。然后，爱因斯坦假设电子撞击在一块半圆形胶片上，留下印记。

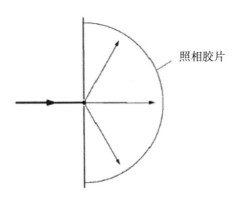

照相胶片

图1.3 爱因斯坦的光子束思想实验

　　根据量子论，在电子撞到胶片之前，我们无法判断单个电子的位置。薛定谔的方程描述了电子在某一特定地点的概率，但只有在电子撞击胶片的瞬间，胶片上才会出现一个黑点，我们才能进行一次测定。然而，爱因斯坦并不满足于此，他还尝试去想象电子撞击胶片那一瞬间所发生的事情。他是这样想象这个实验的：如果量子论是正确的，那么胶片上的每一点都有一个随机的概率变黑，并且这个概率由概率分布而定。任何一个点都有可能突然变黑。但是，胶片上的一个点受到撞击的那一瞬间，其他所有的点似乎必须立即以某种方式知道自己能不变黑。在爱因斯坦看来，一种瞬时的交流必须联系上半圆形胶片的所有点，告诉每个点是否做出反应。

　　面对这次抨击，玻尔并没有被爱因斯坦的言论所困住，他发现爱因斯坦的观点完全令人费解。他评论说："我感到自己处在一个困难的境地，因为我不明白爱因斯坦要说明的到底是什么。这无疑是我的过错。"

　　爱因斯坦并没有放弃。在会议开始之前，大家在酒店吃早餐时，他又继续提出了两个更为复杂的思维实验。这两个思维实验的细节并不重要——爱因斯坦认为他所表明的是，通过某些巧妙的操作（例如，使用挡板，只让短脉冲电子或光子穿过狭缝，并且将我们对挡板与狭缝的了解，跟测量粒子扩散所得到的信息相结合），他可以尽可能多地了解粒子的位置和动量信息，进而否定不确定原理。如果不确定原理被证明是错误的，那么量子论就存在严重的问题。

　　这一次，玻尔认真对待了这个挑战，但是爱因斯坦的新想法并不具有说服力，在晚餐时，玻尔就想好了解决办法。爱因斯坦的观点的问题在于，他没有考虑到测量挡板和狭缝时，同样存在不确定性。他事先假定这些是绝对已知的事情。但是，如果不确定原理也适用于它们，那么就不存在这种补充的背景信息了。这个思维实验完全符合不确定原理，因此它不能用于反驳不确定原理。

过了三年，爱因斯坦和玻尔这两个伟人再一次就这个话题进行了激烈的辩论。辩论发生于1930年，同样是在布鲁塞尔举行的又一届索尔维会议上。虽然会议的主题是磁学，但爱因斯坦仍然在早餐时提出了对量子力学的挑战。这一次他觉得自己将成为胜利者——他提出了一个非常巧妙的思维实验来挑战不确定性的真实性，从而挑战量子论。

爱因斯坦的实验（应该强调的是，这不是任何人展开的真实实验，而是一种用于验证理论的思维方法）包括一个内置辐射源的盒子；盒壁上有一个洞，用一块挡板挡住它；将挡板快速打开，同时，从洞口射出一个光子。

据当时人们所知，虽然光子没有任何质量（你可以想象挡住一个光子并给它称重，然而在实际操作中这是不可能的，因为爱因斯坦已经证实了光总是以光速传播），但是光子移动时的能量产生了一个有效质量，这个质量可以从$E=mc^2$推导而出。因此，爱因斯坦设想，给光子射出前后的盒子称重量。这样，他就可以准确地得到光子的能量值；同时，他还可以精确地计算挡板打开的时间。这样，他就能更精确地知道时间和能量，这比不确定原理所描述的更为精确。在这个试验中，同不确定原理适用于位置和动量一样，它也适用于时间和能量。

玻尔找不出这个可怕而又巧妙的装置的缺陷。当时在场的一个人描述道：爱因斯坦带着"某种讥讽的微笑"，沉着地离开会场，而玻尔情绪激动地小跑跟在他旁边。

然而，第二天早上，玻尔已经准备好反驳爱因斯坦的方法了。具有讽刺意味的是，他正是利用了爱因斯坦自己提出的广义相对论来反驳他。他在爱因斯坦的装置的基础上设想出一个特殊例子（尽管是同一个论据，但是通过一点点改动，它可以有不同的应用）——将带挡板的盒子用弹簧悬挂起来。这样，一个可以检测质量变化的称重装置就形成了。盒内安装一个时钟，它能打开和关闭挡板。

当光子射出盒子时，整个装置将向上移动，显示出重量的变化，从而显示能量的变化。根据爱因斯坦的广义相对论，在引力作用下，移动中的时钟时间转动变慢，因此，能量变化值和时间的测定都存在不确定性。这两种不确定性结合起来恰恰印证了不确定原理。爱因斯坦不得不再一次接受失败。不管他如何努力地挑战量子论的理论，不同测量活动之间能够互相干扰这一原理，都挫败了他的挑战。尽管如此，他仍然相信我们可以更深入地挖掘，揭露掩盖的事实。

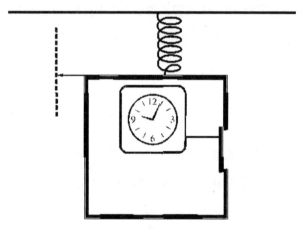

图1.4　玻尔版的爱因斯坦光子实验

玻尔从来不明白，爱因斯坦的这些抨击纯粹是一种战术，还是出于想激怒他的冲动（虽然没有任何证据表明，除了对量子论感到费解焦虑之外，爱因斯坦还受到其他原因的驱使，但他确实擅长戏弄他人）。甚至多年以后，在1948年，玻尔仍然明显地对爱因斯坦的挑战感到难以释怀。物理学家亚伯拉罕·派斯（Abraham Pais）叙述了自己帮助玻尔整理他与爱因斯坦争论的资料的过程。那时，玻尔正在访问普林斯顿高等研究院（Institute for Advanced Study at Princeton），他的办公室就在爱因斯坦办公室旁边。（其实，玻尔用的办公室正是分配给爱因斯坦的那间，但是爱因斯坦更喜欢他助理那个狭小的房间。）

按照一般的做法，玻尔应当将他的文章口述给派斯，但是玻尔自己无法口述出连贯的句子。他的脑袋里有想法，但是玻尔发现很难将它们串联成句。这位杰出的科学家围着房间中央的桌子快速踱步，几乎快跑起来了，自言自语地重复着："爱因斯坦……爱因斯坦……"过了一会儿，他走到窗前，凝视窗外，嘴里时而重复："爱因斯坦……爱因斯坦……"就在那时，门轻轻地开了，爱因斯坦蹑手蹑脚地走进来，他示意派斯不要出声。派斯后来描述说，他的脸上挂着"顽童般的笑容"。

爱因斯坦的医生禁止他购买烟。为此，爱因斯坦尽可能地按照字面意思来执行这条禁令，他决定不到烟店去买烟，不过，他认为到玻尔桌子上的壶里拿点烟抽还是可以的。不管怎么说，他只是偷点烟，却坚守了不去买烟这条禁令。当爱因斯坦偷偷走进房间时，玻尔仍然面对着窗户，不时地咕哝着："爱因斯坦……爱因斯坦……"

爱因斯坦悄悄地靠近桌子。就在这时，玻尔最后坚定地说出了"爱因斯坦！"然后转过身，发现自己正与老对手面对面站在一起，就好像是咒语神奇地将他召唤了过来。派斯评论道：

> 毫不夸张地说，那一刻玻尔哑口无言。我亲眼看到事情的发生，那一刻我也感到不可思议，所以我非常能理解玻尔的反应。

但是回到1930年，在玻尔成功击败爱因斯坦的挑战之后，玻尔认为量子论更站得住脚了。五年之后，爱因斯坦再次发起反击，让玻尔完全处于了困惑之中。虽然有点讽刺意味的是，这次反击反倒证明了奇特的量子世界确实存在。

在那五年里，爱因斯坦将一个思维实验的各种要素整理到了一起，通过这个实验，他可以将由不确定原理联系起来的两次测定活动彻底分开，以至一次测定活动不能影响另一次。他越来越相信，用这种方法，他可以证明不确定性是错误的，从而动摇量子论的根基。在1933年的索尔维会议上，在听了玻尔有关量子论的最新思考后，爱因斯坦向利昂·罗森菲尔德（Léon Rosenfeld）口述了他的想法；但这一次，爱因斯坦并不打算如同以往，在早餐桌上发起一个小挑战——这一次是一篇正式的科学论文。

爱因斯坦改变了策略，不再随便地向玻尔抛出几个噩梦般的问题，以此戏弄他，这种改变也反映出当时欧洲日益黑暗的局势。爱因斯坦被迫离开希特勒统治下的德国，极不情愿地去了美国。他在新泽西州的普林斯顿安家，在那里度过了余生。对于当时的爱因斯坦来说，1930年新近成立的普林斯顿高等研究院似乎是一个理想的地方。普林斯顿高等研究院由路易斯·班伯格和卡罗琳·班伯格（Louis and Caroline Bamberger）创立，聚集了理论科学（从过去到现在，理论科学都没有自己的实验室）、数学和历史等领域的专家，并为他们提供一个宽松的环境。在这里，专家们可以专心工作，不需要分散精力去教学生和做演讲。它具有大学所有的好处（从学术方面来看），却没有浪费时间的烦琐杂务。

正是在这里，爱因斯坦与鲍里斯·波多尔斯基（Boris Podolsky）和内森·罗森（Nathan Rosen）共同撰写了一篇论文，公开提出了纠缠的含义。这篇论文于1935年5月15日发表在《物理评论》（*Physical Review*）上，标题为《量子力学对物理实在性的描述是完备的吗？》（*Can Quantum-Mechanical Description of Physical Reality Be Considered Complete*）。按照三位作者姓氏的首写字母，这篇论文后来被简称为EPR，并且广为人们熟知。EPR目的是，通过证明纠缠现象是怎样令人难以置信来摧毁量子论。爱因斯坦期望以此击溃对手。

Chapter 2

Quantum Armageddon

第2章　量子的对决

我抛弃了罪恶的量子，

痛苦地隐藏秘密；

但是，我的内心坚硬无比，

我的感情也坚如磐石！

——罗伯特·彭斯（Robert Burns）

《致年轻朋友的一封信》（*Epistle to a Young Friend*）

EPR分别是爱因斯坦、波多尔斯基和罗森三位科学家姓氏的首写字母。任何物理学家看到这个缩写，都知道这代表由爱因斯坦、波多尔斯基和罗森撰写的关于量子纠缠的论文。多年以来，爱因斯坦一直抨击著名的量子科学家们，尤其是尼尔斯·玻尔。在1935年，通过他的论文，爱因斯坦宣告了"战争"的开始。虽然EPR有三位署名作者，但是，毋庸置疑，这篇论文包含的是爱因斯坦的观点。这篇论文的英文措辞也许并不完美（爱因斯坦本人没有参与到复杂的文字撰写工作中），但是索尔维会议上那些有趣的小冲突已经无人理会，取而代之的是一封宣战书。

这篇论文虽然创造了纠缠概念，但是多年以来，它一直被误用和曲解。据说，玻尔对这篇论文的回应证明了爱因斯坦和他的同事是错误的。但真实情况并非如此。有人声称，这篇论文根本不是真正的科学，它更像是一种哲学立场。这种说法也是错误的，还有人声称EPR的逻辑必然性证明了爱因斯坦从头至尾都是正确的，然而后来的实验证明这种观点也是错误的。

这篇论文在后来的整个物理学史上引起了许多反响，我们需要了解它更多的细节。但在那之前，我们需要先消除那些错误的断言。这篇论文向读者展示了一种进退两难的困境，并且这个困境是真实存在的。从这一点来说，EPR是绝对正确的，爱因斯坦也没有错。EPR指出，如果不是量子论存在缺陷，那么就是定域性失灵；要么宇宙中真的存在隐藏的信息（量子论认为这些信息片段是模糊的、不确定的），要么就是定域性——距离相隔的两个事物，若在它们之间没有媒介物，两者不能互相影响——是错误的。

然而，这并不意味着爱因斯坦的支持者如此轻易地就获得了胜利。只要花几分钟时间阅读这篇论文就可以知道，论文的作者认为，解决这种困境的方案是第一种选择，即量子论确实存在缺陷。论文的题目《量子力学对物理实在性的描述是完备的吗？》就体现出了这一点，而行文中就更明显了。EPR讽刺了量子叠加（指在量子世界中，粒子可以同时处于多种状态的特征），在这一点上，EPR论文既正确，同时也不正确。量子论有漏洞，或者定域性有缺陷，二者只能选其一，这点是正确的；但是，论文认为这两者中仅前者是明智的选择，在这一点上，这篇论文是错误的。

在论文的结尾，作者简要地提到了两个分隔的系统可以直接相互影响的可能性——这种情况可以不遵守定域性，然后非常简略地反驳了这种观点："现实性的定义中，没有任何合理的解释可以允许这种情况发生。"EPR写道。但是，如我们现在所知，量子层面的运行机制本就不合理，公式中也体现不出"合理的"这种特征。这表示这种断言并不符合常识，而爱因斯坦等人却把它当作是一种常识而做了断言。这种断言需要实验数据来证明。

爱因斯坦有充分的理由怀疑这篇论文的措辞，论文的写作风格并没有使他的论据充分发挥作用。爱因斯坦当时的英语水平并不好——那时他到美国才两年——真正提笔写这篇文章的人是鲍里斯·波多尔斯基。爱因斯坦喜欢使用一些不必要的复杂表达，而波多尔斯基在进行撰写时也没有避免这一点，并且他的措辞缺乏直接性。EPR的文章结构混乱，术语使用也不准确，使得EPR的基本论据模糊不清。有合理的证据表明，爱因斯坦在论文发表之前根本就没看过论文，他只是与波多尔斯基和罗森讨论了这些观点，然后由波多尔斯基撰写成了论文。

虽然语言很复杂，但是论文的命题非常简单。爱因斯坦和他的同事设想一个粒子分裂成两个，这是量子物理学中发生的最普通不过的事情。如牛顿所预测的那样，这两个新的粒子朝着相反的方向射出，每个粒子带有大小相同、方向相反的动量。原来的粒子没动量，因此，两个新粒子的动量必须相互抵消，因为动量不会莫名其妙地产生。这种设定的有趣之处在于，每个粒子都可以告诉我们另一个粒子的某些消息。测定一个粒子的运动距离，你就可以知道另一个粒子的运动距离；测定一个粒子的动量，你就可以知道另一个粒子的动量。

根据量子论，测定之前，一个粒子的属性不是固定的。请记住，这不是指粒子的属性一直具有秘密的数值，而我们通过测量发现了这个数值——量子论依赖于一种违反常理的概念，即在测定之前，粒子的属性具有不同数值的可能性，而在我们进行测定的那一刻，一个具体的、实际的数值(允许有一定程度的不确定性)才确定下来。

比如说，我们测定第一个粒子的动量，由于这个实验的纯对称性，我们立即就知道了第二个粒子的动量。但是，根据量子论，在我们测定第一个粒子之前，两个粒子都没有固定的动量；而现在，我们马上知道了两个粒子动量的数值，不管它们相隔多远。

　　这时，关键的问题就来了。当我们测定第一个粒子的动量时，第二个粒子如何"知道"自己的动量应该是多少呢？如果在测定之前，它的动量不是一个特定的固定值，而是一个概率范围，那么是什么让它立即有了特定的实际动量——与第一个粒子数值相等、方向相反的动量？在这个挑战量子论的问题中，爱因斯坦引入了我们在前一章提到的定域性的概念。似乎只有通过瞬时的远距作用，一个粒子才能影响另一个粒子。毕竟，我们可以等很久才进行测定，到那时，两个粒子可能相隔数光年的距离。假设（正如爱因斯坦的推测）两个粒子之间不可能立即进行任何交流，那么我们唯一能做的推论便是：第二个粒子在测定之前已经具有那个动量。

　　根据这个推论，我们实际上能得到这种推断：要么是量子论存在缺陷，要么是定域现实性的整个观念分崩瓦解。接下来，EPR开始谈论再次进行测量，这一次是单独测量粒子的位置，这也是EPR中一个显然的、不必要的复杂之处。

　　为了追求精确的结论，EPR提出进行第二次类似的实验，但是这一次是测量其中一个粒子在某个特定时刻的位置。同样地，假设我们忽略动量，我们可以尽可能准确地（在实验设备允许的范围内）知道粒子运动的距离，并且以此推导出另一个粒子运动的距离。当测定第一个粒子的位置时，我们立即就知道了第二个粒子的位置，这表示它的位置已经具有了那个实际值，除非两个粒子之间存在某种神秘的、即时的远距离交流。因此，EPR的结论是：第二个粒子在第一个粒子测定之前就已经具有固定的动量和位置。这个结论直接反驳了量子论。正如论文所写：

　　　　如果，在没有任何形式的干扰下，我们能准确地预测（即概率为1）某一物理量的值，那么这个物理量就必定存在相应的物理实在性。

EPR的出发点是要证明，我们可以准确地预测远处粒子的动量及位置的数值，虽然不是同时预测——不同于爱因斯坦以前的尝试，EPR并不打算反驳不确定原理。如果预测是可行的，这些测定则能得出某些事实，那么量子论就有问题。

然而，我们必须记住，他们实际做到的是：证明了要么量子论存在某些遗漏，要么定域性是错误的假设。EPR说："现实性的定义中，没有任何合理的解释可以允许这种情况发生。"这种冒险的说法是为了反驳远距离作用。我们将在第五章中看到，为什么对爱因斯坦来说，任何合理的理论都应符合定域性的要求。

实际上，论文采用的例子（可能是罗森选择的）并不是最好的，因为研究动量和距离所涉及的数学恰恰比研究其他粒子属性更为复杂。并且，实验没有必要涉及到两种属性。论文只需要证明，当两个粒子相隔太远，在测出结果之前，信息无法从一个粒子传到另一个粒子时，测定一个粒子的某种属性，可以立即确立第二个粒子这种属性的数值。另一位美国物理学家戴维·玻姆（David Bohm），后来提出了EPR思维实验的一种变化形式。这个实验测定的不是动量和位置，而是测定一对类似粒子的自旋，使实验更简单清晰地论证了量子论困境。

量子粒子的自旋是另一种模型，类似于"怪物就像洋葱"，其比喻含义比现实含义更丰富。如行星绕太阳运行一样，电子绕原子核运动，这种电子轨道模型是一种比较方便的例子，原因在于电子具有类似于角动量的属性。普通动量描述沿直线运动的物体必须继续向前运动的倾向，而角动量，或更恰当地说轨道角动量，是一个物体绕另一个物体运动的"吸引力"。角动量越大，越难使物体停下来。而且量子粒子还具有另一种变化的属性，将这种属性称为自旋角动量，或简称"自旋"，是一个随意的决定（这是为了与模型相符），与怪物像洋葱似的在太阳下变成褐色、发芽的假设一样随意。

在平常的世界中，自旋动量指物体绕自己本身的轴旋转的动量。受到那些类似于地球绕太阳运转的图像的影响，理论物理学家猜想粒子具有这种新的属性是因为电子绕自身的轴旋转。然而事实并非如此。他们本可以轻易地将这种属性称为碱度、弹力或者易碎性，但是他们决定称它自旋。

从最基本的意义上讲，自旋是区分粒子的一种方式，粒子具有两种旋转方式，即向上旋转和向下旋转。向上和向下描述了轴的方向。设想右手呈杯形握住电子，拇指朝上。如果电子沿手指的方向旋转，即俯视时呈逆时针旋转，电子则向上旋转，即沿大拇指的方向旋转。但是请记住，这并没有反映任何事物的实际行动。实际上，我们只能说：当穿过检测器时（这种检测器就像一条隧道，一侧是北磁极，另一侧是南磁极），以不同方式自旋的粒子会朝着不同方向移动。

假使，你忽略以上所有的注意事项，你就可能会误以为电子真正地在绕特定的轴旋转，但是测定得到的事实将会破除你的误解。不管你测定到电子朝哪个方向自旋，它要么是沿那个方向"向上"，要么是沿那个方向"向下"——它不可能沿着两者之间的某个方向。对于真正自旋的物体，如地球，如果我们尝试在穿过两极的直线以外的某处测量其自旋，我们可以说它是处于向上自旋和向下自旋之间，是两个因素的综合。但是，对于量子粒子来说，自旋完全与此不同。不管你在哪个方向测量，它只能向上自旋或向下自旋。自旋是一种量子化的数字特性。测定得到"向上"或"向下"的概率会有变化，但是结果只有两种可能。

如原EPR论文所描述的相互联系的动量一样，当两个粒子建立起纠缠时，第二个粒子的自旋与第一个粒子的自旋互相联系。要么测定第一个粒子时，自旋值被神秘地传达给了第二个粒子，要么第二个粒子的自旋一直就有一个数值。这个EPR的变体实验——测定自旋，其主要优点在于涉及的数学简单得多，但两个实验的基本概念是相同的。

利昂·罗森菲尔德是玻尔的年轻同事，当EPR论文发表的时候，他正在哥本哈根。据亚伯拉罕·派斯描述的玻尔阵营对EPR的反应称，论文发表的第二天早晨，玻尔闯进罗森菲尔德的办公室，令罗森菲尔德莫名其妙。玻尔一边大笑，一边精神错乱地大喊着："波多尔斯基（Podolsky）、欧波多斯基（Opodolsky）、埃波多斯基（Iopodolsky）、西波多斯基（Siopodolsky）、埃西波多斯基（Asiopodolsky）、巴西波多斯基（Basipodolsky）。"后来，玻尔解释说这串胡言乱语是模仿霍尔伯格（Holberg）的戏剧《尤利西斯·凡·伊萨卡》（*Ulysses von Ithaca*）中一个仆人的台词，但这种解释无法使他的行为看起来更合理。

对于玻尔让人震惊的反应，派斯讲述的情景与罗森菲尔德本人的叙述有一些不同。罗森菲尔德称是他告诉玻尔EPR论文的事情，而不是玻尔告诉他。罗森菲尔德亲眼见证了玻尔对EPR论文的关注迅速升温的过程，他描述道：

> 当玻尔听完我转述爱因斯坦的论据后，其他一切事项都被搁置一边：我们必须马上澄清这种误解。我们要利用论文中的例子来回击，展示这个例子的正确解读。玻尔万分激动，他立即开始向我口述了我们回复的大纲。不过没过多久，他就开始犹豫不决。"不，这没有用，我们必须全部重来……我们必须使它更清楚……"这样的情形持续了一段时间，同时，EPR论据出人意料的微妙性令他越来越好奇。他不时地问起："他们是什么意思？你理解吗？"

经过几个星期的来回踱步、喃喃低语和心烦意乱，玻尔终于能够在多个层面上回复EPR。其中一个层面简单地表示，EPR中的方法违背了互补原理。玻尔对量子论的解释的核心观点被笨拙地称作互补原理。这种原理认为，观察一种现象有两种互相排斥的方法，在你采取其中一种之前，两种方法都是完全可行的；而当你采用了其中一种时，另一种方法就不可行了。例如，互补性称，光可以被看作既有粒子性又有波动性，但当你做实验时，这个实验要求光表现出其中一种特性，那么你就不能按光的另一种特性来处理它。

同理，互补性称，一旦你做实验测定一个粒子的动量，你就不能同时测定粒子运动的距离。EPR中，关于动量和运动距离的讨论违背了互补原理，玻尔认为这是不适当的。但是玻尔的这个论点误解了EPR的观点（考虑到论文不当的措辞，这也不能怪他）。将测定动量和测量运动距离的实验相结合，这是分散注意力的无关的论点。在原EPR的表述中，奇怪的地方在于，不管两个粒子相隔多远，当观察第一个粒子时，第二个粒子的动量或距离立即就确定了，而并不在于同时测定动量和距离。

一开始，EPR似乎有机会动摇不确定原理。为什么不测定第一个粒子的动量和第二个粒子的运动距离呢？在每种情况中，我们只测定一种属性，因此，我们能做到绝对准确地得到一个粒子的动量和另一个粒子的位置，然后综合两者来反驳海森堡的不确定原理。然而事实上，这个挑战是一种假象。在我们测定第二个粒子的位置之前，我们可以知道它的动量，这一点是正确的；但是当测量距离时，我们所知的关于动量的信息就不再有效，因为根据量子论的根本观点，测量活动会导致变化发生。

事实上，玻尔没有拿出一个令人满意的方案来反驳爱因斯坦。这几乎是必然的，因为EPR实际上并没有错。我们前面提到，它的基本前提是：要么量子论有漏洞，要么发生纠缠的粒子违背了定域性。这个前提是正确的。

玻尔无法将EPR反驳得体无完肤，还可能是因为他从根本上同意EPR作者的一个关键主张。同爱因斯坦一样，他认为非定域性作用是不可能的。

这与玻尔所要阐明的观点并不相悖。在他对EPR的反驳中，他评论说，对一个粒子进行测量，将影响另一个粒子"界定预测的可能类型之条件"。这似乎是想让EPR的观点变得混淆不清。毕竟，在同一年他所写的支持非定域性的文章表示，"我们将真实地发现，我们处于一个不合理的领域"。玻尔认为，实验中一个地点的活动影响另一个完全分隔的地点所发生的事情，这是"完全不可理解的"。无论他如何大声反驳，尼尔斯·玻尔私下里在内心深处是支持EPR的。

也许正因为如此，玻尔对EPR的反驳更像是政治博弈，而不是实际的科学挑战。他抛出了一堆疑问，并且由于EPR措辞复杂，于是许多人对EPR置之不理，或者把它当作一个语义学问题，而不是物理学问题，这一点也帮助了玻尔。

迄今为止，玻尔和爱因斯坦的立场大相径庭，没有共同基础，这让他们无法理智地交流。物理学家戴维·皮特（David Peat）作了一次生动的观察，他将他们两人的立场与塞尚（cézanne）和一名现实主义画家进行比较。这两个画家都喜欢画静物，在画桌布上的一堆橘子这个静景时，这两个画家发生了冲突，他们都争论说对方的视角缺了点什么。他们都是从实体的某个角度进行绘画，一个画的是静态图像，另一个则画的是更有整体感的橘子及其布景。实际上两者都没有"错"，只是两者的画都不完整。玻尔与爱因斯坦的情况也正是如此。

正是EPR这篇论文真正地使纠缠这个概念变得生动起来。如我们在第一章所述，埃尔温·薛定谔受到爱因斯坦、波多尔斯基和罗森的启发，他在《剑桥哲学学会会刊》上发表了一篇文章。他在文章中写道：

两个系统，我们通过它们各自的代表性属性知道它们的状态，由于它们之间存在的已知的力，发生暂时的物理相互作用。在经过一段时间的相互影响之后，两个系统再次分开，则它们不能够再以从前的方式描述，也就是说各自都赋予了对方自身的代表性属性。我不认为这种现象完全背离了经典思想理论，它只是量子力学的一个特性。通过相互作用，两个代表性属性（量子状态）纠缠在一起。

这里出现了"纠缠"（entangled）这个词，薛定谔第一次用它来描述了量子力学的这种特性。幸好薛定谔选用了这个术语，因为他的母语德语倾向于将单词混在一起，形成有多种含义的、不恰当的混合表达。在同一篇论文中，他还以一种令读者难以理解的方式来指代这种现象。薛定谔指出，纠缠不只是连接了两次具体的测量活动，还连接了无数次可能发生的测量活动。他评论道，"没有任何技术帮助记录发生的事"——所以，我们应该感谢我们谈论的是"纠缠"，而不是"无法记录的连接"。

薛定谔与爱因斯坦一样，不能接受两个纠缠粒子之间神秘的远程连接。在这种情况中，定域性的失效将打破相对论的界限。为了避免任何此类说法，薛定谔表明，他认为纠缠过程只能是非常短暂的——实际上，他认为纠缠的发生有距离的限制，在这个距离内，与系统中其他变化发生的时间相比，光从一点传播至另一点的时间可忽略不计。后来，实验证明这种推测是错误的——而且这种观点毫无理论基础，薛定谔提出这种观点只是为了保护定域性以及相对论的真实性。

EPR是爱因斯坦对心情紊乱的玻尔及其珍视的量子论的最后一击。EPR蕴含了爱因斯坦预料之外的产物，它以量子纠缠的形式揭示了重要的事实。从这里开始，我们将把爱因斯坦抛到脑后，继续研究量子纠缠。但是，即使我们不考虑爱因斯坦的研究了，我们也要记住，爱因斯坦不再提出新的挑战并不代表他不再反对相对论了。1944年9月7日，在EPR论文发表近十年之后，爱因斯坦在致玻恩的信中写道：

> 我相信世界上客观存在着绝对的规律和秩序。带着狂热的好奇，我努力地想抓住这些规律和秩序。我坚信，我也希望，有人会发现更实际的方法或更切实的依据，这本是我应该去发现的。即使量子论初步取得了伟大的成功，也无法使我相信这种掷骰子游戏……

1952年，就在他去世前三年，爱因斯坦仍然痛斥量子论：

> 这个理论让我想到一个智力超群的妄想狂脑中的幻想，由一些不连贯的思想碎片捏造成一个系统。

对爱因斯坦来说，量子论（暗示着纠缠）永远没有道理可言。

爱因斯坦、波多尔斯基和罗森的论文中包含的谜题被广泛地称为"EPR佯谬"。内森·罗森（Nathan Rosen）一直觉得这个描述不恰当。20世纪80年代，在EPR发表50周年纪念会上，他宣称："这个术语是不恰当的，EPR中不存在任何佯谬。"但是，罗森没有必要做这样的辩解。爱因斯坦本人在致埃尔温·薛定谔的一封信中，将EPR论文提出来的这个问题称作为一个佯谬。他还抱怨道，选用粒子的一个属性进行实验就可以挑战量子论，但EPR选用了两种属性，这使EPR掩盖了真正的问题。他告诉薛定谔，处理动量和位置这两种属性"ist mir wurst"，这是一个德语习语，字面意思是"对我来说就是香肠"，表示"我一点都不在意"。

　　某些评论员认为，佯谬这个词听起来仿佛是EPR揭露了量子论的不合理性和荒谬性——但这种说法混淆了"佯谬"和"谬误"。佯谬的核心意义在于，它是一个真实的结果，是一种挑战常识的却又实际发生的现象。佯谬令人惊讶，但严格来说，它是正确的。我认为EPR应当被当作一个佯谬，因为它挑战了量子论，尽管从现实来看，它似乎没有取得任何成果，只是令人惊讶而已。纠缠正是一直处于这种"有趣但与真实科学无关"的矛盾状态中，直到一个理论上的突破将它带入现实世界。

　　EPR并非最后一次对"哥本哈根解释"（玻尔支持的量子理论）的挑战。戴维·玻姆提出了EPR自旋变化形式；根据德布罗意的观点，他设计了一种别出心裁的方法，称为量子势方法。这种方法既可以解释普通的经典效应，又可以解释量子现象，并且没有抛弃位置和动量之类的属性的真实值概念。玻姆的理论也存在有问题——否则它就代替了费解的哥本哈根解释——但它确实是一个合理的挑战。

　　此外，从EPR还发展出了一些与"多世界"理论相关的变体。其中一些理论认为每次测量活动会分裂出新的宇宙（适用于量子态下的每种可能结果），或者测量活动使平行宇宙发生互换。每种解释都有自己的支持者，虽然数量相对较少，但却不乏热情。尽管纠缠是量子论的一个重要部分，但我们没有必要选择某一特定解释来追溯纠缠的发展。说到底，这些都只是解释性模型——如果任何理论要否认纠缠，它必须要提供实验证据。约翰·贝尔，一位来自北爱尔兰的鲜为人知的物理学家，突发灵感，找到了证据。

　　除了他的同事，也许没有人听说过贝尔，但他是一名非常重要的科学家。科学家与电影明星或政治家不同，电影明星或政治家依靠进入公众视野而获得存在感，而科学家则是默默地专注于他们的研究，不管他们的研究对我们的生活有多大的影响。当然，也有几个名字广为公众所知——艾萨克·牛顿和阿尔伯特·爱因斯坦，查尔斯·达尔文（Charles Darwin）

和理查德·费曼。如果我们看了《星际迷航：下一代》（*Star Trek: The next Gemeration*），我们还要在我们的名单中加上史蒂芬·霍金（Stephen Hawking）（在剧中，霍金通过全息影像出现，玩了一场扑克牌，"进取号"的机器人Data在这场牌局里与史上最伟大的科学家们进行了较量）。但是，绝大多数的科学工作者，不管他们多有能力，都一直默默无闻。约翰·贝尔就是这绝大多数中的一个。他是一个留着胡须、红头发的理论物理学家。1964年，他证明了量子纠缠的现实性，从而一跃成为关键人物。

36年前（指的是相对1964年，译者注）贝尔于1928年7月28日在北爱尔兰的贝尔法斯特（Belfast）出生。贝尔家族是爱尔兰教会的新教徒。爱尔兰教会与美国新教圣公会一样，都是圣公会的分支。在那时，贝尔法斯特处于宗教分裂之中，宗教偏见令爱尔兰北部的许多人遭到迫害。但是贝尔家族没有这种宗教偏见，他们的朋友来自各个政治圈，有着不同的宗教信仰。

贝尔家族历来做实际工作的氛围强于学术。当11岁的少年约翰（John）[约翰的中间名是斯图尔特（Stewart），贝尔一直使用这个名字，直到上大学]，自豪地宣布他想要成为一名科学家时，这一定是一件令人吃惊的事。贝尔的兄弟姐妹在14岁时就都离开学校开始找工作，但是，贝尔的母亲安妮（Annie）鼓励他在14岁之后继续他的学业。他首先去了贝尔法斯特技术学校（Belfast Technical High School），然后进入了贝尔法斯特女王大学（Queen's University）。用安妮的话说，她想要他过一种"每天都可以穿最好的衣服的生活！"

贝尔具有显著的学习天赋和热情。他在家里有个绰号叫"教授"，因为他乐于与任何愿意长时间站着听他讲话的人分享他的学识。但是贝尔还是担心自己的学业对家庭造成了负担，所以在毕业之后他没有找一份学术上的工作（在20世纪50年代，学术工作薪水微薄），而是在英国原子能研究所（UK's Atomic Energy Resarch Establishment）找了一份工作。英国原子能研究所位于哈威尔（Harwell），那里是英国农村的中心。正是在那里，他遇见了他的苏格兰未婚妻玛丽·罗斯（Mary Ross），她与贝尔在同一个小组工作。

到1960年，贝尔对哈威尔的工作热情已经消退。此时，欧洲原子能研究中心（*Conseil Européen pourla Recherche Nucléaire*，简称CERN)为贝尔夫妇提供了就职机会，他们抓住了这个机会。欧洲原子能研究中心，是一个庞大的国际高能粒子研究机构，名义上位于日内瓦（Geneva），但实际上机构散布在瑞士和法国边境之间。CERN最著名的一项成就就是其研究产生的副产品，一种电子信息交流工具——万维网；在丹·布朗（Dan Brown）的惊悚小说《天使与魔鬼》（*Angels and Demons*）中，CERN也扮演了重要的角色。在欧洲原子能研究中心里，科学家用巨大的能量使宇宙的基本成分互相撞击，试图分析这些成分的组成，理解它们的特性。

贝尔在欧洲原子能研究中心的工作是粒子物理，但他的业余爱好是研究量子论的基本原理，他利用了一年的休假时间到美国斯坦福大学（Stanford University）、威斯康星大学（Wisconsin University）和布兰迪大学（Brandeis University）访问，追寻自己对一些原创理论的兴趣。1963年年底，他完成了一篇论文，这篇论文使量子纠缠在今天得到了举世瞩目的运用。

当贝尔在一份鲜有名声的杂志《物理学》（*Physics*）（不久后就停刊了）发表他的论文时，它只不过是一篇令极少数读者感兴趣的抽象理论文章，并没有立即引起明显的反响。贝尔的论文展示了进行间接测定的方法，这种间接测定可以证明量子论的一个预测是否正确。贝尔推导出一个测定活动，这种测定可以证明两个纠缠粒子在相隔任何距离的情况下，是否能真正地互相影响，或者量子论是否有漏洞。过了五年才有人注意到，贝尔的工作开启了实验探索量子世界这一奇怪特征的道路；之后又至少过了十多年，才牢牢地建立起不容置疑的成果。

虽然贝尔的确对量子论深深入迷，但是他对量子论的感情很复杂。他曾经评论道："我不愿意去想它可能是错误的，但是我知道它是有问题的。"通过这段话，他似乎想表达，不管量子论的核心是什么，它都没有被很好地描述——关于量子现象的解释根本讲不通。他在论文中评论他的同行物理学家尼克·赫伯特时，这种态度表现得最为清楚，他说道，他很高兴"在一个模糊、晦涩的领域，偶然发现了费解而又清楚的东西"。

让贝尔恼怒的并不是量子论的存在，而是关于其说法的模糊性。他也觉得量子论中存在某些漏洞。在批评量子世界的核心理念时，他本能的倾向是支持爱因斯坦，而反对大多数物理学家的观点。贝尔在1964年介入量子论，他的目的是设计一个新的思维实验，以更清楚地表明，只有当量子论是错误的，定域现实性才会存在——此处的"现实性"意为测量值是真实的，而不是模糊的概率分布。贝尔评论道："我觉得，在这个论题上，爱因斯坦的智力远远优于玻尔，爱因斯坦能清楚地看到什么是需要的，而玻尔是一个蒙昧主义者，他们两人之间的鸿沟是巨大的。"据物理学家安德鲁·惠特克（Andrew Whitaker）所说，贝尔认为玻尔对EPR佯谬的回应显得语无伦次。

奇怪的是，贝尔的这种看法在当时是异乎寻常的。实际上，在20世纪60年代至90年代之间，每个撰写关于EPR和贝尔论文的文章的人都采取了同样的立场，即整个世界都认为EPR产生的结果是：爱因斯坦是错误的，而玻尔是正确的。事实上，今天仍然有些作家认可这种断言，这是非常冒失的。世界上大多数人都没有听说过EPR或玻尔，但他们会认为爱因斯坦是正确的，因为……好吧，因为他是爱因斯坦，所以他必须是正确的。

然而，量子论解释了观察得到的结果，科学界的许多人对此感到满意，并且不想被拖入哲学争论之中，他们准备接受玻尔的观点，而并没有思考这意味着什么。只要结果与实验相符，那么你可以将这种解释所造成的任何不快都置之不理。

贝尔对玻尔的明显轻视必须放在当时的背景中去理解。我认为，任何科学家都不会否认尼尔斯·玻尔是一位伟大的物理学家。约翰·贝尔的想法也不大可能有何不同。玻尔对于我们理解物理世界做出了巨大贡献。只是大多数旁观者宁愿他没有采取他那些模糊的策略，而是坚持更实际的事情。毕竟，从来就没有人认为玻尔擅长与人沟通。

贝尔的思维实验最终重新唤起了人们对纠缠的兴趣，它是以EPR的自旋测定变化形式为基础的。他设想一个粒子分裂成两部分，与以往一样，朝两个相反的方向射出。在彼此相隔很远时，用测量装置去测定两个粒子的自旋。但是，这两台测量装置并没有以相同的方式排列。一台测量装置可能从与垂直方向成22度角的方向测量自旋是向上或向下，另一台则可能是从54度角或任何其他角度测量。

这样，贝尔证明了，如果这两台测量装置以相同的方式排成一条直线，那么就可以建立"隐变量"来解释发生的事情。而且，如果一个粒子的测量结果取决于两个测量装置是否排成直线（由于没有时间让实验中一端的粒子去探悉另一端的测量仪器的排列方式，那么此案例中可以排除定域性的作用），那么贝尔可以使隐变量发挥作用。然而，他证明了不可能有这样一个或一组变量，可以处理两个测量仪器完全独立的方向，因为一个粒子无法"知道"两者的排列方式。

随着这篇论文的结论为人所知，贝尔理论表明，如果不排除掉定域性的作用，你就无法作出量子论的预测。不只如此，贝尔还描述了一种情形，根据定域性是否发挥作用，或者量子论预测是否正确，测量结果将会有所不同。如果你从一个广泛的角度范围来比较两台测量仪器的结果，你会发现运用量子论会预测出一种结果；而运用定域性，通过其隐变量，会预测出另一种结果。通过适合的实验装置，你要做的就是测量一组数值。如果这些数值超过了统计学上的某个范围（称为贝尔不等式），那么贝尔理论就是正确的，定域性也失效了。

约翰·贝尔大胆提出的想法，是20世纪最伟大的观点之一。与所有真正的原创科学思想家一样，当贝尔认为自己是正确的，他就做好了不理会其他任何人的观点之准备。他的想法不是证明爱因斯坦是错误的——证明爱因斯坦是正确的，而量子论有缺陷，没有什么比这更令贝尔高兴了——但是，凭着令人钦佩的科学客观精神，贝尔没有一味地陈述个人喜好，而是提出了清楚的二选其一的方案，两个选择只有其一可以保留。

最重要的是，虽然贝尔描述的实验，严格来讲仍然是一个思维实验，是一个精神挑战，而不是一个实际操作的实验，但是原则上，它是可以在现实世界中实现的。爱因斯坦对量子论的挑战有些炫耀的性质，他也从未打算将他的思维实验付诸实践，而贝尔的实验则与之形成了鲜明对比。贝尔将关于纠缠的争论从思维领域转移到了实验领域，而且引发了更为激烈的争论。

量子
纠缠

Chapter 3

Twins of Light

第3章　成双成对的光

在那连绵起伏的群山

克拉拉在悬崖边缘扔下她照看着的双胞胎，

说道：

"我现在想知道，

哪一个最先到达山谷？"

——哈利·格拉汉姆（Harry Graham），《无情家庭的无情之歌》（*Ruthless Rhymes for Heartless Homes*）

约翰·贝尔提出了一种将EPR付诸实验的理论基础，即提供了一种在量子论和定域现实性之间选择的实验基础。但是完成这篇论文对贝尔来说不是一项实际工作，而是兴趣使然。并且无论怎样讲，贝尔都是一名理论科学家而不算是实验科学家，因为他既没有机会也不想在实验室中对将自己的论文付诸实践，进行后续研究。而有一个人将贝尔的理论付诸真正的实验，并得出了广泛认同的结论，以此验证量子论是否成立，纠缠是否真能使诡异的远距离连接成为可能。这个人就是法国年轻并且特立独行的科学家艾伦·阿斯派克特（Alain Aspect）。

阿斯派克特绝不是那种典型的不谙世事的物理学家——口袋里放着防止笔漏水的塑料袋、戴着厚厚的眼镜、对实验室外的任何事都一无所知。阿斯派克特1947年出生于法国西南部，靠近盛产葡萄酒的波尔多（Bordeaux）地区。后来为了学习物理，他去了巴黎。阿斯派克特个子很高，留着令人印象深刻的、飘逸的胡须。你或许会猜他是一名法国电视节目主持人，甚至是一名酒吧男招待，但绝对不会想到他是一名科学家。在获得博士学位后，他独立的天性驱使他去了喀麦隆，成了一名援助工人。之后三年，他都在非洲的烈日下从事着艰苦繁重的体力劳动。

这个中非国家的大部分地区，从西部的几内亚湾（Gulf of Guinea）向北呈狭窄带状延伸到北部的乍得湖（Lake Chad）都曾短暂作为法国的殖民地。正是因为它与法国残留的这层联系，才使年轻的阿斯派克特来到这里。在炎热的晚上，日间的体力劳动使阿斯派克特精疲力尽，他就会让自己的思想徜徉在他认为物理学面临的最有趣的挑战中，尤其是有关量子力学的争议。

阿斯派克特在大学时就对此产生了兴趣，却一直不满意量子力学的表达方式。现在，他终于有机会以自己的方式考虑事情了。他能够构建一个与自己思想相符的体系，将自己对量子世界的观点整合起来，而不受当时潮流的影响。

在物理学中提到潮流似乎有些奇怪。人们很容易认为，科学是纯客观的，并且庄严崇高，超然于潮流和时尚之外。在科学中，一定是用正误来判断一件事，而不是说它正流行或已落伍吗？好吧，情况并非如此。事实上，科学和裙摆长度一样是一个关于时尚的话题。只不过科学领域的流行不是几个有影响力的设计师的兴之所至，而是由两种因素共同决定的，一是该领域是否有很好的机会（是否能提升研究者的学术事业），二是是否符合负责资助研究项目者的政治欲望。

在20世纪70年代初，探索量子理论的基础就像灯笼裤那样早已过时。自然物理科学中的热门领域似乎都涉及到用越来越大的能量将粒子一起粉碎，或建立新的宇宙学理论，对宇宙的形成进行了大胆（有时也是不实现的）推测。粒子物理学尤受追捧，因为它产生了全新的结果。那时我是一名大学生，似乎每个星期，我们的一名讲师就会兴奋地宣称又发现了一种新的粒子。情况更妙的是，粒子物理学还涉及到制造巨大的、亮闪闪的机器，在电视上看起来很不错。政治家们可以看到，他们（确切地说，是你们）的钱投入后有什么回报。

另一方面，人们感觉量子论已经是一个没有什么作为的领域，与之相关的实验人们都能预测出结果并与理论相符，因而索然无味。对我们来说，量子世界或许仍陌生而新鲜，但对当时的物理学家来说，它只是一个老人玩的游戏。甚至"量子力学"中的"力学"两个字也让它显得过时。当然，这种解释不是很清楚，但是这并不会对实际效果造成任何影响。量子力学属于使上一代人为之兴奋的一类事。它就像你父亲对裤子的品位一样过时。

在非洲闭塞的生活中，即使艾伦·阿斯派克特愿意，他也不可能参与到当时最火热的主题中。事实也正是如此，他有自己的方法，一种与众不同的方法。与其他人不同，他对爱因斯坦、波多尔斯基和罗森的论文产生了兴趣，而那时这篇论文已经发表三十多年了。不知怎么的，他不仅无意中发现了原始论文（这至少在物理学史上是著名文物），而且还发现了贝尔在实际实验方向对EPR概念有趣却不太出名的引申。这向阿斯派克特发起了挑战，而至少在当时，他只能在头脑中迎接挑战。

这使阿斯派克特有时间把事情想透彻，而不是直接冲进实验室。后来证明这一点很可能是他在迎接量子纠缠挑战时最强大的武器。当他回到巴黎时，他决定要彻底解决贝尔不等式的问题。

阿斯派克特不是第一个尝试把贝尔的想法付诸实际实验的人。1969

年，四个美国物理学家发表了一篇论文，将贝尔的想法往现实之路推进了一步。同时研究同一题目并得出一个积极的结果，这篇论文是为数不多的一个例子。在人类思想史中，经常有两个人或两个团体几乎同时提出了相似的观点。一旦一种想法流行，仅需一点创造力的火花就能将之点燃，然而火花却往往不只产生于一个地方。

最糟糕时，同步研究会导致谩骂侮辱、剑拔弩张和法律纠纷。艾萨克·牛顿和德国数学家戈特弗里德·威廉·莱布尼茨（Gottfried Whihelm von Leibniz）同时创立了微积分，牛顿确信这是一起剽窃事件，并精心策划了一场论战让莱布尼茨承认抄袭。莱布尼茨是著名的英国皇家学会（Royal Society）的成员，他抗议说这是一种诽谤。因此，英国皇家学会建立了11人的委员会来确定谁具有优先权。委员会的调查报告由皇家学会的会长撰写，结果强烈支持牛顿，这是莱布尼茨永远不会接受的。他不愿意接受这个结果还可能是因为当时皇家学会的会长正是艾萨克·牛顿本人。

这种争议并不仅仅限于数学界。美国的托马斯·爱迪生（Thomas Edison）和英国的约瑟夫·斯旺（Joseph Swan）几乎同时将碳丝电灯泡展现给世人，两人之间并没有信息泄露问题，这纯粹是一种同步研究。但对阅历丰富的爱迪生来说，这不过是一场商业战争而已。虽然斯旺比爱迪生早八个月发明了灯泡，但他未申请专利，因此爱迪生和他打起了官司。

通常在这种情况下，经济实力会战胜正义，但是法庭却认可了斯旺对这种特殊发明的优先权。爱迪生不仅不能起诉斯旺，他还被迫成立了爱迪生斯旺联合电灯公司（Edison and Swan United Electric Light Company）来开发这项产品。这种激烈的竞争在会议室和大学的公共休息室同样十分平常。科学家也一样会嫉妒他人的想法，并谨防与他人分享任何荣誉。

这种情况下，人们很容易想象到位于波斯顿的阿布纳·希莫尼（Abner Shimony）和他的博士生迈克·霍恩（Mike Horne）组成的研究小组的愤怒了。他们一直努力在写一篇论文，来描述一种方法，论证贝尔定理的结论，结果发现另一位科学家刚刚就完全相同的主题发表了演讲。同事建议最好的方法就是装作他们从来没有听说过别人也在做这个工作，就如他们两个谁也没有参加阐述这个试验的会议——继续做自己的事，无论如何都要发表他们的论文。如果他们采纳了这个建议，最后很有可能也会陷入争夺优先权的激战中。但是，他们却决定去联系他们的对手。

在会上发表这方面谈话的是哥伦比亚大学（Columbia University）的约翰·克劳泽（John Clauser）。克劳泽是最早认识到贝尔这篇著名论文重要性的人物之一。当他还是加利福尼亚理工学院（California Institute of Technology）的研究生时，甚至建议论证这种理论的真实性。对于这个建议，他的教授，伟大的理查德·费曼，显然只是将他赶出办公室。费曼有着令人惊异的洞察力，但即使是他，也有看走眼的时候。

对希莫尼和霍恩来说，联系克劳泽的想法并不是没有风险，因为其他许多科学家可能都会这样说："虽然这事很麻烦，但是是我先公开的。"而克劳泽却很乐意与他人合作，尤其是希莫尼已经让哈佛的一位研究生理查德·霍尔特（Richard Holt）加入了团队。霍尔特是一位实验家，能将理论家的想法付诸行动。这个四人联合小组将向前迈出具有重大意义的两步。他们清除了贝尔原论文中一项毫无根据的假设，并且将实验粒子从电子换成了更容易处理的光子。

虽然光子确实会自旋，但最容易研究的方向性属性是与自旋有关的现象，称为偏振。这是人们通过"宝丽来"太阳镜熟悉的概念。滤光镜，如这些眼镜的透镜一样，只能让在某个特定方向偏振的光通过。这个特性具有双重用处。偏振滤光镜不仅减少了通过的光量（因为随机产生的光向四面八方发生偏振，因此很大一部分光被阻隔），而且路面反射的光也倾向于在某些方向比其他方向更易偏振。因此，戴上"宝丽来"太阳镜筛除这类光子，能减少对司机的反射。

人们常将光想象成像波一样运动，偏振就像抖动绳子产生的波动状态。将一根绳子的一端系一个铃铛，握住另一端。你可以上下晃动绳子，沿绳子发送垂直波动，也可以左右晃动绳子，产生水平波动，或在之间的任何方向摇动。如果将这些波动换成光线，当光的波动垂直于光的运动方向时，这个波动方向即是它的偏振。这显然又是一种"怪物和洋葱之类"的东西，因为即使把光想象成波时，它也不是简单的波，而是相互作用的电磁波，彼此垂直。而且，当将光视为光子时，偏振是什么反倒没那么明显。但事实是，偏振是光子的一种属性，具有与它相关的已知方向，并与运动方向垂直。

当一束光子以一定角度通过一个偏振器时，会得到一个图形，刚好展示了量子世界是多么奇特。比如，我们就从这里开始：在垂直方向和水平方向的中间放一台偏振器，与水平面成45度角放置（我们将之称为"45度偏振器"），发射一束处于自然的、随机偏振状态的光子。然后，将这束光照到一个垂直偏振器上。接下来会发生什么呢?

如果光是普通的波，我们可能猜想在通过第一个偏振器后，光束仅含与水平面成45度角偏振的光子，而没有水平或垂直方向的光子。但是，当光子照到垂直偏振器上时，有些光子可以通过，有些光子却被吸收而停止不动。从统计学上来说，我们可以说通过45度偏振器的一半光子将通过垂直偏振器，但不可能说是哪些光子通过了45度偏振器。通过45度偏振器后，并不是一半光子垂直偏振，一半光子水平偏振。它们全都处于水平和垂直的"叠加"状态，当它们照到垂直偏振器上时，有50：50的机会垂直偏振或水平偏振。

如果你把偏振器想象成一条狭缝，一种像硬币的光子必须通过这条狭缝，这一点将显而易见。量子论称光子处于"两种"状态（水平和垂直偏振），当它照到偏振器上时，它立即以相等的概率选择其中的一种状态。只有在这个时候，一半的光子通过（现在是垂直偏振），一半的光子未通过。事先没有任何办法知道某个特定的粒子是通过或不通过。

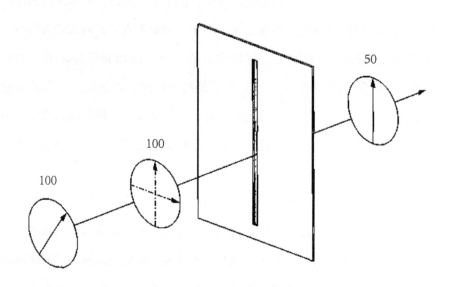

图3.1　以45度角偏振的光子水平偏振和垂直偏振的概率是50%

例如，如果我们发送100个光子成45度角通过，这相当于当光子照到偏振器上时，100个光子有50：50的机会水平偏振或垂直偏振。因此，平均将出现50个水平偏振的光子。

强调这一点是非常必要的，因为它是如此重要（而且也如此奇怪）。虽然，第一眼看上去，出现这种情况的原因是一半光子总是水平偏振，一半总是垂直偏振（因此，成45度角偏振的光子是两者的混合）。然而，采用"宝丽来"太阳镜的三个透镜做一个简单的实验，就可以证明情况并非如此。

如果我们首先将光发射通过一个偏振器，然后通过另一个与其成90度角的偏振器，则没有任何光子通过。在上述实例中，第一个偏振器将100%

的光子水平偏振，因此，没有任何光子通过第二个垂直偏振器。

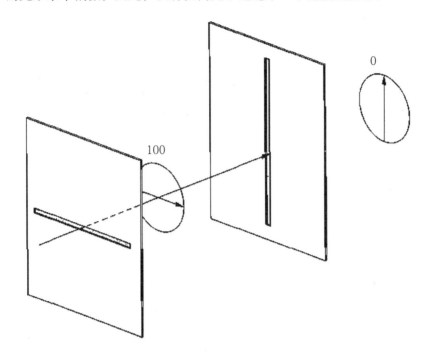

图3.2 相对放置的两台偏振器阻断了所有的光子

　　采用两个偏振器，另一侧没有光子出来；但是采用第三个偏振器，将它转45度角，并把它放在另外两个偏振器中间，非常奇怪的事情发生了：你又可以通过"宝丽来"太阳镜看到东西了（尽管相当模糊），这表明又有光子通过了。如果对角偏振器让垂直偏振和水平偏振的混合光子通过，那么在通过这个偏振器后，一开始水平偏振的所有光子应该仍然是水平偏振的。然而事实上，中间的偏振器立即产生了两种状态的光子，测量时水平和垂直偏振的光子概率是50：50。因此，某些光子仍然能够通过最后的垂直偏振器。这种奇怪的结果强调了在量子物理中，概率是真实存在的。通过对角偏振器的一个光子同时处于水平和垂直偏振状态，进行测量后，该光子处于水平或垂直偏振的概率均为50%。

即使希莫尼和克劳泽的研究小组采用了光子而不是电子进行实验，他们仍然必须稳定、可控地提供处于特殊纠缠状态的光子。他们的实验采用钙作为光源，钙是存在于骨头、石灰石和粉笔中使其具有一定硬度的元素。在烘箱中将钙加热，产生一连串充满能量的钙气体。当钙气体流出烘箱时，用一束强大的紫外光照射钙气体。光中的一些能量被钙原子中的电子吸收，导致电子能量升高（我们已经提过"量子跃迁"这个经常被误用的词，这种微小改变就是其中一例）。

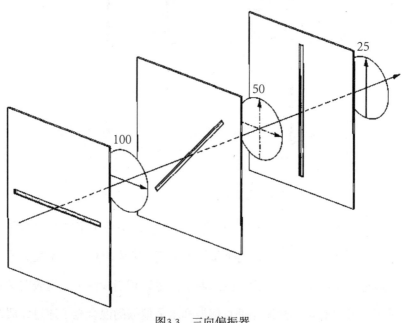

图3.3　三向偏振器

短时间之后，带有多余能量的电子（以颇带情感的术语"激发电子［excited electrons］"描述）回到其正常状态。在此过程中大多数电子会发出单个光子，其能量与原来激发它们的光子对应，但是有一些（大约百万分之一）会发出两个光子——一个绿色光子和一个紫色光子。这些光子对产生时就是自然纠缠的，测定时二者发生的偏振是关联的（按物理学家的说法就是"相关")。是纠缠使这两个光子相关联。

接下来的几年里，已经在加利福尼亚的伯克利大学（University of California-Berkeley）工作的克劳泽和留在哈佛大学（Harvard）的理查德·霍尔特（Richard Holt）采用光子进行了几次实验。有人将自己的理论成果进行实际验证，约翰·贝尔似乎对此很高兴。他写信给克劳泽说：

> 鉴于量子力学获得了普遍的成功，要想质疑之前实验的结果对我来说是很困难的。然而我还是希望有人开展这种直接检验重要概念的实验并进行记录。而且，总有一线希望会得到出人意料的结果，使全世界震惊。

如果说在信中，贝尔的语气表现出他对于产生出人意料的结果（无论希望多么渺小）怀有一丝期待，这并不让人惊讶。不管任何相反的证据，他总是希望有人证明爱因斯坦在量子论的不完整性方面是正确的。贝尔在与杰勒密·伯恩斯坦（Jeremy Bernstein）的一次会晤中清楚地表明了这一点：

> 对我来说，合理的假设是实验中的光子都携带有预先关联的程序，会告诉它们如何运动。我认为这种假设十分理性。因此，当爱因斯坦认识到这一点，而其他人不认同时，我认为爱因斯坦才是理智的一方。至于其他人，虽然历史已为他们正名，但当时他们却没有直面这个问题。很遗憾，爱因斯坦的想法有时候也行不通。合理的事情往往不能被接受。

不幸的是，他们的实验并不如贝尔希望的那样有一个确定的结果。整个实验被证实，排除合理的怀疑，将是十年以后发生在另一个大陆上的事了。

这一点之所以值得强调是因为它与电影不一样，这才是现实中科学界里经常发生的事；而简单化的好莱坞科学电影追求新突破，最后证明观点（在经历挣扎、失败以及很可能出现的火热的爱情之后）。但是，在现实生活中，通常结果的积累是一个漫长艰辛的过程，充满着矛盾的发现。在不同实验室根据贝尔的论文开展实验的早期尝试中，至少有一组结果并不支持量子论。这并不意味着量子论是错误的，而仅仅是因为早期实验采用的技术有限。实验中的可能误差太大，无法绝对确定结果。

如果我们重新回顾一下那个抛硬币试验，采用有限的结果会怎样导致这种误差就变得更明显了。通常情况下，你会预计正面出现的概率为50%。如果你抛一枚硬币两次，两次都是正面，结果并不支持50：50的理论——也许，你用这枚硬币抛，每次都是正面——但是，两次抛硬币的可能误差量非常高。抛两次不能证明任何事情。如果抛硬币200次，每次都是正面，这种情况就大不一样了。这时，50：50的假设极有可能不成立。出现这种结果的原因可能是我们抛的硬币两面都是正面。

同样，在量子实验中，一次与理论不符的结果组成的样本太小，无法反驳量子论。尤其应该记住的是，这些实验已经非常接近他们设备的测量极限了。当在准确度极限附近工作时，科学家应该做的（并且确实做了的）是不要忽略出人意料的结果，并确保实验重复次数足够多，使奇怪的结果作为误差标出。

当约翰·沃勒（John Waller）〔墨尔本大学（University of Melbourne）科学哲学和科学史系，健康及社会研究中心医学和生物学史讲师，是科学界中头衔最长者之一〕在他的书《轻举妄动》（*Leaps in the Dark*）中指出，当你从事的是科学前沿工作时，简直是太容易发生实验误导了。沃勒评论道："这里的问题在于新实验方案的误差非常高，会得到许多不可靠的结果。这些结果与实验的本质毫无关系，而与实验设备的缺陷息息相关。"

接下来沃勒描述了在艾萨克·牛顿证明白光是由彩虹的彩色光混合的著名实验——这个牛顿称为"experimentum crucis（重要实验）"的实验中，为什么实际上没能证明牛顿的预想。虽然实验有时确实能得到预期的结果，但许多重现实验的尝试却不能得到同样的效果。原因是实验需要使用高质量的玻璃棱镜来分解和重合光线，而这种技术在牛顿的时代还尚未成熟。牛顿承认自己在斯陶尔布里奇集市（Stourbridge Fair）上买了第一块棱镜。斯陶尔布里奇位于切斯特顿（Chesterton）和芬·迪顿（Fen Ditton）村之间的卡姆（Cam）河边，集市是一年一度的盛事。当时，棱镜只是玩具和饰物，而不是精密的科学仪器。因此采用这些棱镜得到的实验结果变化多端，无法预测。

在首次试验贝尔的理论时，出现了完全相同的情况。早期的实验人员做实验时，非常接近设备的极限，导致结果变化不定。但是通常情况下，这种不确定性会随着时间渐渐减少。牛顿第一次用三棱镜操纵一束从遮光布的孔射入的阳光，50年后，才有更好的光学棱镜能够以绝对的清晰度检验牛顿预测的结论。至于量子纠缠，仅仅只过了几年，一位在地下室工作的年轻法国科学家就将实验精确度大大提高，而不受合理怀疑约束。

当艾伦·阿斯派克特从非洲回到家里时，他在巴黎大学（University of Paris）光学研究中心的地下实验室开始工作。他意识到前人的实验没有得出结论的本质原因，决定尽可能将误差降至最低，避免任何可能的曲解。要想做好这点，最基本的就是真正了解设备。为此，阿斯派克特自己制造设备，而不是依赖于技术人员。通常制造基本的构件是靠技术人员完成的。

与克劳泽、希莫尼及其同事一样，阿斯派克特需要获得纠缠的光子。他的光子也是采用钙原子产生的，但是这一次，采用的是双激光照射原子。

正是现代激光技术的使用（对阿斯派克特来说，当时激光仍然是崭新的事物），才得到了比之前实验明确得多的结果。尽管如此，实验装备仍然不是很理想。正如艾伦·阿斯派克特后来评论说：

> 理想的光子源是一个钙原子：我们以特别的方式激发这个钙原子，然后观察光——一对光子，这是由钙原子释放能量、回到正常未激发态时释放出来的。事实上并没有这么简单，因为我们不能如此准确地捕获和控制单个钙原子。相反，我们得到的是一束原子束——在真空室中运动的原子集合。

由于激光器的功率可控，产生了更多纠缠的光子，阿斯派克特能够得到比前人更清楚的结果。此外，他对实验进行了一些改变，从字面上说，设法进一步增加了缠绕。对难以捉摸的量子纠缠行为下结论的难点在于，总是怀疑结果可能会产生误导。比如说，也许测量光的偏振的探测器之间通过某种方式协力得出结果。这种可能性很小但确实存在，因为作为实验装置很重要的一部分，探测器可能通过一些我们不知道的机理（比如通过实验线路）传递信息，而不是通过诡异的纠缠现象进行联系。

凭借一点天才的火花，阿斯派克特根据多年前戴维·玻姆的建议发明了一种设备。他的想法是当光子仍然处于飞行中时，改变检测器的方向，让检测器不可能密谋。记住，实验的重点是将不同角度设定的检测器结果彼此进行比较。如果每个检测器知道另一个检测器的设定角度，它就可以通过某种人们不知道的途径产生近似关联的结果。（当然，从字面上来讲，它无法知道设定，但一个检测器在某种程度上受到另一台检测器方向的影响。）

阿斯派克特设法让他的检测器每秒钟变换方向数百万次。即使在光子从钙源运动到两个检测器的这段非常短的时间内，检测器的方向也已经变化，因此没有任何机会串通一气。这并不是无关紧要的任务。采用他当时能够利用的技术，实际上不可能以这种速度机械地移动检测器，但是阿斯派克特知道水的某种令人惊奇的性质能够为他所用。当挤压水时，水的折光指数发生变化。

透明物质的折光指数让你可能很高兴，因为它是你不再需要烦恼的高中科学的内容——但是，它为实验物理学家提供了宝贵的资源。折光指数描述了当光进入物质或从物质中出来时材料弯曲光束的方式。折射是棱镜产生彩色光谱的效应（因为不同的颜色弯曲量不同）。将一枚硬币藏在杯底看不见的地方，在杯中注入水。当来自硬币的光线弯曲，硬币映入眼帘，可以看到硬币，这也是折射的效应。折光指数衡量弯曲效应的强度。

对任何特定的折光指数来说，存在一个角度（临界角），在这个角度会发生全内发射。如果一束光以相对垂直位置的该角度或更大角度照到物质的边沿，光线将无法通过，会反射回物质中。

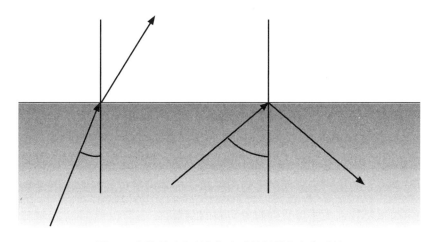

图3.4 光线通过水到空气中时的折射和全内反射

以光从水中穿出进入空气为例。如果光以接近垂直的角度照到水面，它将继续前行，弯曲偏离垂直方向。但是，如果光以大于临界角的角度（相对垂直位置）照到水面（在从水中照到空气的情况下，临界角为48.6度），它将反射回来。

阿斯派克特知道当水受压时，水的折光指数将稍微增大，这是使折射如此有价值的原因。如果光子以接近临界角的角度通过水，并通过快速挤压和放松容器的方式建立压力波，与通过扬声器纸盒前后快速移动建立声波的方式相同，在循环的"受挤"期间，临界角将发生变化，使其刚好足够反射光子，而不是让它们通过。在阿斯派克特的实验中，这种情况每秒发生2 500万次。一对称为变频器的装置，当电流通过它们时会快速改变形状，从而重复挤压和放开盛水容器，建立这种变化。

水就像道岔一样作用，将光线从一个方向改变到另一个方向。当水未处于压力状态时，光子恰好照到水/空气交界处，它笔直通过，并照到第一个偏振器上。如果水处于压力之下，当光子照到水/空气交界处时，光线通过水被反射回来，进入第二个偏振器。第二个偏振器的设定角度与第一个偏振器不同。偏振的方向每秒钟变换2 500万次。从技术上来说，这并不是一种随机变化，因为变化是规则的，但是在随机光子释放的时间和偏振器变化的时间之间并没有任何联系。而且那些变化非常快，两端的仪器之间不可能传递任何"密谋"信息。两端仪器彼此相隔接近50英尺（约15米）。

阿斯派克特的实验证明，排除合理的怀疑，贝尔的理论成功地确认了量子论。这个实验得到的结果与理论预测相符，证明了爱因斯坦认为定域现实性总是成立的猜想是错误的。爱因斯坦认为不可思议的超距作用现象是真实的，而不是让人无法接受的假象实验的结果。

即使阿斯派克特的实验获得了成功，一些顽固派认为纠缠的瞬时连接仍没有得到证明。有人认为，这有点像狭义相对论发生的同时分裂（见第五章）。他们认为，只有当从实验的一端看时，这种变化看上去才是瞬时的。从另一端来看的话，只有在信息检查单元以光速移动了实验长度之后，贝尔不等式才显露出来。但是大多数人把这种争论仅仅看做是拼命抓住的最后一根稻草——阿斯派克特的实验及随后的许多实验都证明产生了这种瞬时反应。

有人问阿斯派克特，如果爱因斯坦还活着，他认为爱因斯坦将如何看待他的实验结果。他的回答具有典型的法国魅力：

> 哦，当然，我无法回答这个问题。但是，我敢肯定，关于这个结果，爱因斯坦当然有一些睿智的见解。

量子纠缠从约翰·贝尔的理论论文到明确的实验证明经历了如此漫长的时间，原因有两个：第一个原因是在20世纪60年代末和70年代初，人们对研究量子论缺乏热情；另一个原因是那些恼人的、难以捉摸的光子。

虽然激光可以更加可靠地获得纠缠的光子，但仍然难以得到纠缠的量子对。更糟的是，光子飞出钙原子的方向并不总是相同的。确定比较的两个光子确实是纠缠的光子对，而不是随意、没有联系的光子碰巧配上了对，这是一件错综复杂的事情。

随着对整个纠缠概念重新产生兴趣，人们致力于设计一种更可靠的来源来产生这些奇怪的、互相联系的成对光粒。答案来自一种奇特的性质，一种名称让脑袋发蒙的现象——自发参量下转换。这是一个依赖晶体行为的过程。

科学家对晶体的热情就像对新时代一样高，虽然是出于完全不同的原因。科学并不赋予晶体不可思议的力量和神秘的能量，但是天然晶体在理解某些自然基本现象中起到了非常重要的作用。

X射线被晶体弯曲的方式对理解材料的组成是必需的——而且导致了各种发现，如DNA的结构——而光在一种被称为冰洲石的晶体中非常奇特的行为是三百年前发现偏振的灵感之源。

一片典型的冰洲石，是矿物方解石的一种形式，看起来像是制作粗糙的不规则玻璃块；但是，当光线通过这种晶体时，光线被一分为二。将一块冰洲石放到这本书的一页上，你将看到下面有两份相同的文字，看起来神秘地漂浮在晶体中。伊拉斯谟·巴塞林（Erasmus Bartholin）是一位热心的斯堪的纳维亚实验者，当他于1669年以活泼的标题《实验水晶岛发现》（*Experimentia Crystalli Islandici Disdiaclastici*）命名的文章中第一次描述了这种效应时，他相信他已经发现了光线的某种新的、基本的东西。巴塞林认为，存在不止一种光，而是两种光，两者外表虽然相同，但特性不同。

我们现在知道他是错误的，即使他的发现仍然非常重要。晶体将光劈成两种偏振。它是一种天然偏振片材料，但是，它并不排斥某些偏振，而是根据其偏振，横向改变光，产生了第二个图像。这种特性虽然很奇怪，但是，与使产生纠缠光子变得更实际、在实验中成为日常的效应相比，它就相形见绌了。

将一束激光束照射通过另一种类型的晶体，主光束会被闪耀的彩色晕环包围。这有点像出自电影《夺宝奇兵》（Indiana Jones）的某种东西。当光线通过它们时，这些特殊的晶体（硼酸钡和碘酸锂是最著名的两个实例）发生了非常奇怪的现象。

为了理解到底发生了什么，我们需要先绕到不可能的QED世界——量子电动力学中去看看。人们最常把美国杰出的物理学家理查德·费曼与量子电动力学联系在一起。它描述了光和物质如何相互作用，就这点而论，它是所有学科中最重要的过程之一。QED告诉我们，我们大多数人脑海中对光与物质的原子的相互作用的印象无疑是过于简单了。

看着镜子。当你看着自己在镜子里的图像时，光线已经从某处光源（太阳、灯泡或其他什么）照到你的脸上，然后改变方向射向镜子，与光亮的镜面相碰。根据我们在学校里学到的科学知识，光从镜子反射回来，照在脸上，最后聚焦在眼睛的视网膜上。在这里，产生了你的大脑可以诠释的图像。

现在从光子方面来思考，我们再来看看到底发生了什么。把光想象成一束小能量粒子，猛烈碰撞镜子。我们中学里学到的科学知识告诉我们，不起眼的光粒会从镜子弹回，就像撞球从垫子上弹回一样。只是，真正发生的情况并非如此。当你将自己想象成我们正在讨论的小粒子，一些事情就变得显而易见了。

过来一个光子。它是令人难以置信的小和脆弱，你无法感觉到它，或将它称重或摸到它。它离镜子越来越近。（为了简便，我们想象这是一个没有玻璃的镜子，只是一块抛光的金属面。）当然，镜子本身是由原子组成的。这些原子中的每一个由巨大的开阔空间及几个广泛分布的部分组成。在接近原子中心的某处是较重的部分——原子核。与原子所占有的空间相比，原子核是如此之小，以至于在原子物理学的早期，人们常常把原子核比作大教堂中心某处隐藏的一只苍蝇。［发现了基本的原子结构的欧内斯特·卢瑟福喜欢将原子核描述为伦敦阿尔伯特音乐厅（Albert Hall）中的一只蚊子。］可以看出原子中有多少空地方啊！

在这些空间外面的地方有比原子核还要小很多的电子。我们知道它们在运动，但是无法准确地知道它们怎样运动或在哪里运动。最好是将它们想象为扩散开的运动迷雾，所有运动者（电子）以卡通片里的速度运动，形成了模糊一片，而不是以星球麻木地绕太阳运转这个陈旧思想运动。

因此，我们的光子做了什么呢？当它照到镜子上时，什么东西会以跟撞球一样的方式弹回呢？是原子核吗？如果情况正是如此的话，绝大部分的光子将笔直通过。如果只有很少部分的光弹回的话，所有的材料将会变成透明的。因此，如果不是原子核，光子会弹回那种模糊的电子云吗？好吧，也许可能，但是，为什么像光子这样虚幻的东西其行为会与撞球一样呢？

实际上，光压根就没有从镜子弹回。实际发生的情况要有趣得多。光是电磁能。当它的电场接近一个电子时，它们开始发生相互作用。电子吸收光的光子，将它吃掉，在这个过程中电子的能量增加。它发生量子跃迁，但处于较高能态的电子常常不稳定。很快，它就释放出新的光子。这个光子从镜子表面朝你的眼睛射回来。"反射"的光子实际上与前面射进去的光子是完全不同的两个光子。

同样，当光通过透明物质时，所有光子并没有直射通过它。相反，它们被吸收，然后被重新发射。（如果所有光子确实直接通过，而不发生相互作用，则透明材料和真空材料的光学行为将不会有什么区别。）所有透明材料都发生这种情况，但是，在特殊的晶体，如硫酸钡中，发生了一种特殊的现象。

当具有足够强度的激光照到这种晶体上，某些被吸收的光子重新发射时不再是一个光子，而是变成了两个光子。光子中的能量取决于它的频率——光就像乐音的音高一样。频率越高，能量越高，从低频光子，如无线电，到微波、红外、红色，到紫色的可见光，直到紫外线、X射线和其他，能量越来越高。当两个光子产生时，这两个新的光子的总频率之和等于原光子的频率，所以没有能量丢失。这种"下-转换"的"下"指的是这一事实：对任何给定光子来说，与原光子相比，频率下降了。就像激光激发的钙发出的光子对一样，此处产生的光子是纠缠的，但采用这种技术有三点非常大的优势。

首先，虽然光子对仍然是明显的少数，但与钙产生的纠缠光子相比，这种过程产生的光子要多得多。其次，这种物理环境更稳定。研究人员不需要再研究棘手的热钙原子束，而可以研究一个好的、固态的、良好表现的晶体。最后，最重要的一点是这样还有额外的好处。不仅这两个光子互相纠缠，而且它们从晶体出现的方向更易预测。如果一个纠缠的光子从方向A射出去，另一个光子将总是从方向B射出去——这样更容易确定哪些光子是互相纠缠的，而这一点在钙方法中无法得到验证。

通过"下-转换"得出的更可靠的结果，甚至更确定地证明了阿斯派克特的实验得到了正确的结果，似乎根本没有必要进一步研究贝尔的理论了。然而，采用不等式证明的方式总让人有那么一点点不舒服。迄今为止，所有的实验都测量了一组数值，如果它们从统计学上来看超出约翰·贝尔的计算确定的范围，那么，贝尔的理论和量子论将被认为是正确的，而定域现实性将被驳回。

如果能以更肯定的方式证明结果，而不是通过许多读数的平均值证明某些事情没有发生，那么结果将让人感觉更具有结论性。而这将是第二个三个人姓名首写字母简称的成果。对那些研究量子纠缠的人来说，这三个字母简称非常熟悉。对EPR来说，最明确的答案可能是由GHZ提供的。

GHZ实验（稍后我们将回来解释它为什么叫GHZ）纠缠的不只是两个光子，而是三个光子。乍看起来，这似乎有点像"你能做的任何事情，我都可以做得更好"这种非常尴尬的情况。而且为什么在三个光子就停止了呢？人们肯定会受到具有危险性的鼓励，去扩大规模，纠缠越来越多的粒子，却并不增加什么知识。然而，碰巧三个光子的实验（20世纪80年代中期理论提出，最后在1999年开展）与之前的实验相比，具有一个巨大的优势。

在阿斯派克特的实验中，以及在那个时期所有其他人的实验中，综合许许多多光子对得出的部分相关统计结果，当这些结果的平均值偏离某一极限时，它就证明了贝尔的理论，而新的三个光子实验具有绝对的结果。每次测量要么支持要么反对贝尔的结果。在统计学上，实验的结果不会让人感觉不舒服。

这种三粒子方法是迈克·霍姆（Mike Horne）与美国物理学家丹尼·格

林伯格（Danny Greenberger）和奥地利量子专家安东·塞林格一起研究的成果。迈克·霍姆曾经是帮助希莫尼、霍尔特和克劳泽的实验人员。［当撰写这篇论文的时候，阿布纳·希莫尼也是当时主要的EPR专家之一，但是，人们仍然坚持采用首写字母GHZ。］这个实验产生了两对纠缠的光子，当四个光子中的一个光子被捕获后，它们随后连接到一起，成为三个一组。

得到这个结果的数学推导公式非常麻烦，真的没必要弄懂发生了什么。重要的结果是贝尔的理论可以通过肯定的、实际的测量，而不是间接暗示得到证明。而且，当这个实验最终在1999年由安东·塞林格和他的研究小组开展时，得到了肯定的结果。量子论得到证明，而爱因斯坦和同事在他们的EPR论文中努力想保护的定域现实性最后被确定为是不可能的。

到目前为止，或许人们曾可能拒绝接受纠缠的真实存在，而只把它当成一个自相矛盾的理论。但是，目前的实验证据压倒一切。因此，这是一个很好的契机，来探索人们一听到纠缠就会关心的问题。最近在致《新科学家》（*New Scientist*）杂志的一封信中，写信人认为这不足以大惊小怪。他认为，当粒子纠缠时，它们的状态（自旋、偏振或其他状态）是已知的，因此，毫无疑问它们具有连接的数值，因为它们自纠缠开始就具有这些数值。约翰·贝尔本人以博士伯特曼（Bertlmann）的短袜这个奇怪的例子轻松地阐明了这种观点。

贝尔不那么出名的一件事情是在《物理学》（Journal de Physique）杂志上发表了一篇题为《伯特曼的短袜和现实性的本质》（*Bertlaman's Socks and the Nature of Reality*）的文章，无疑，这是科学界中最奇怪的标题之一。［莱因霍尔德·伯特曼（Reinhold Bertlmann）］是另一位与贝尔合作密切的科学家。）文章中的博士伯特曼在穿衣方面品位独特。他随意选择袜子的颜色，但总是确保穿的两只袜子是不同颜色。他从来不穿配对的一双袜子。正因如此，当我们看到伯特曼博士出现在一幢大楼转角处，瞥一眼他的左脚，看到一只粉色短袜（正如贝尔挖苦道：人各有所好，这是无法解释的），即使我们从来都没有看到过他的另一只袜子，我们都可以确定它肯定不是粉色的。

虽然这看起来似乎不太可能，但这并非约翰·贝尔解释时用一个想象的例子来娱乐一下。（贝尔似乎正好认为大多数科学论文都是毫无必要的枯燥乏味，因此他的论文比大多数论文明显更引人入胜。）实际上，莱因霍尔德·伯特曼确实总是穿不成对的袜子。据后来成了伯特曼同事的安东·塞林格称，伯特曼在他十几岁就开始这样做了——"作为对学校要求穿制服的抗议"——自那以后，他就一直这样做了。

用一种贝尔不屑的方式引申这个类比，使它甚至更接近对量子纠缠的主张：就在伯特曼穿戴完不久，他遭遇了一件可怕的事情，他的右脚被割断了。然后，假如他跳进了一艘宇宙飞船，到了远离地球的宇宙对面，当我们看到一只脚的伯特曼穿着粉色袜子时，即使我们与另一只袜子相隔甚远，我们也会马上知道它不是粉色的，尽管告诉我们另一只袜子是什么颜色的信息将花数百万年才能到达我们身边。不可思议。仔细想想，这也没有什么不可思议的。因此，有什么值得大惊小怪呢？

事实上，伯特曼的袜子（或致信给《新科学家》的作者眼中看到的世界）和量子纠缠中实际发生的事情有一个根本的区别。对袜子来说，当伯特曼穿上袜子时，它们的颜色就已经固定了。决定已经做了。信息（第二只不同颜色的袜子——比如说绿色）在那一刻已经输入到系统中。然而，如果我们研究量子袜子，观察的状态（自旋、偏振或任何东西）在纠缠时并没有固定。

请记住采用三个偏振滤光镜做的实验。如果通过对角滤光镜的光子刚好保持它们固定的偏振水平，那么实验不会成功。

如果伯特曼的袜子是量子袜子，那么两只袜子都将具有所有可能的颜色，

65

直到我们看到其中一只。在那一瞬间，袜子仅仅由于随意的选择而选中了粉色，只有在这个时候，另一只袜子的颜色才确定为除粉色以外的其他颜色。

贝尔的理论推导出的实验证明不存在定域"隐变量"。在纠缠建立的那一刻，没有事先设定任何隐藏的自旋或偏振值在粒子分开后以备观察。如果看起来似乎我在过分强调这一点，这是因为还有很多人仍然会回想伯特曼袜子的这种情况，但事情并非真正如此。贝尔的理论实验会区别出值是预定的还是在观察这一动作发生时随机分配的，结果是预定这一观念需要丢弃，而这是涉及其中的很多人极不愿意看到的。

纠缠不可思议的行为本身就令人着迷，但正如在下一章中将会提到的是，它还具有独一无二的潜力，或许能进行别的方式不可能的通信、计算和物质传输。如果要使纠缠在现实世界中有任何用途的话，只能在实验室中制造纠缠的粒子是远远不够的。必须将这些粒子发送穿过很远的距离，或将它们贮存合理的时间，同时让它们保持纠缠。理论上，可以将纠缠的量子分离到宇宙对立的两面，只要测得其中一个光子的偏振，另一个光子的偏振立即会显示出来。但如果你不能保持纠缠状态下将光子发送超几码远，说得再好也没有什么用。

当薛定谔第一次构想纠缠时，他假设只有在光的运动时间小于系统中任何明显的过程时，才可能跨越距离（因此他认为，纠缠永远无法付诸实际应用）。起初，甚至在活跃的实验者之中，也有人认为实验室规模是保持粒子纠缠的限制。但是，自21世纪以来，实验人员在越来越稳定的条件下使量子维持纠缠的能力已经大大增加。

早期的成功来自于将纠缠的光发送到光纤中。光纤是一种通信网，为世界电话系统和因特网提供了基础构架。这种通过头发丝一样细的玻璃丝的远距离纠缠是有效的，不过是有限的。当光子与光纤壁互相作用时，光纤电缆中的所有信号丧失了强度。典型的商业电缆发出的信号，若没有采用称为中继器的特殊放大器使其恢复的话，其发送距离不超过64千米（40英里）。迄今为止，发送纠缠光子最远的距离大约是100千米（62英里），但是这种距离的损失是巨大的，更为实际的距离是20千米（12.5英里）。

根据世界通信标准，这种短距离传输似乎不切实际——但是，早期电报的研究者们也遇到了类似的问题。正如他们采用不同的方式重复信息，每隔几英里就沿线发送，而且像横贯全球的光纤使用放大中继器一样，奥地利因斯布鲁克大学（University of Innsbruck）的彼得·佐勒尔（Peter Zoller）和他的同事想出了一种技术来为量子纠缠建立中继器技术。

采用佐勒尔的想法，乔治亚（亚特兰大）理工学院（Georgia Institute of Technology）的亚历克斯·库兹米奇（Alex Kuzmich）和德米特里·马特苏克维奇（Dmitry Matsukevich）设法纠缠了两团铷原子云，冷却到接近绝对零度。在这种状态中，原子云作为一个单独的实体作用。当它发出一个光子时，这个光子与整团云纠缠。每团云的一个光子通过一台称为分束器的装置输送。这听起来像是某种科幻小说的高科技设备，但是，分束器很好的实例是半面镀银（或单向）镜，电视警察剧中流行使用它秘密地监视审讯。它是一种让部分光束通过而让另一部分光束在不同方向反射的装置。

但是不要被表面的简单所蒙蔽，因为在量子水平，光束分裂是奇异的事情，由此，它纠缠光子的能力也是奇异的事情。为了更好地理解发生的事情，我们可以想想一个非常简单的分束器，我们家里全部都有的分束器——一扇普通的玻璃窗。晚上在照明良好的房间中，你站在一扇窗前并看着玻璃。你会看到什么？对，你会看到你自己。这时，窗户已经变成了一面镜子。如果它只是一面普通的镜子，另一面不会出现什么。但是，如果你走出屋子，再看向同一扇窗户，反射的窗户，你将清楚地看到这个照明良好的房间。因此，相当部分的光——实际上是大部分光——通过了窗户。你家中的窗户已经变成了一个分束器。（事实上，它几乎一直是分束器，因为一些光总是会被反射回来，只是白天没那么看得清楚。）

我们把这种部分反射看做习以为常、自然而然的事情。但是一旦你开始想发生了什么，就知道这绝不是一件容易理解的事。让我们把房间里的光想象成一束光子，撞击在玻璃的表面。其中一部分光子将被反射回来，但大多数不会。因此，某个特定的光子如何知道要做什么？这是常见的量子挑战——我们知道某些将要发生的事情的概率，以及将要被反射回来的光子的平均数量，但是，是什么让一个光子通过而另一个光子弹回，这还是一个谜。

这同样是艾萨克·牛顿面对的问题。他相信，光是由微粒组成，但无法理解为什么有些光照到窗户上弹回来而有些光不弹回来。最明显的可能是玻璃表面不规则。如果是这个原因的话，就好像表面的小点是镜子，而其他较大区域是透明的。因此，照到镜子上小点部分的微粒弹回来，而其他的光线通过。这听起来很有道理。但是，正如牛顿意识到的那样，这是错误的。

牛顿为了他的光学实验制作了很多透镜。他知道，当采用越来越精细的材料打磨透镜的玻璃时，产生的划痕会越来越小，从而使玻璃变得透明。非常细的划痕似乎并不影响透明性——然而，如果部分反射的原因是玻璃表面不规则的话，这些凹凸不平之处必须非常小，它们是如此之小，以至于看不见。因此，玻璃应该不可能产生那些奇怪的形象。

采用现代量子观点，部分反射没有明显的原因。至于量子论的其他许多方面来说，我们仅仅不得不接受过程的概率性质（即使，像爱因斯坦一样，我们的思维反对接受这种概率的性质）。但是，这只是光束分裂窗奇怪之处的开始——因为通过一块玻璃的光照射的不是一个界面，而是两个界面。首先，当它离开房间时，它通过空气到达玻璃，然后，当它向外逸出时，它从玻璃运动到空气中。

第二次转变也会导致某些反射，这毫不奇怪——但是，事情没有这么简单。部分反射的数量取决于玻璃的厚度。你可能会想："那又怎样？"从你的窗户外反射的光的数量，取决于玻璃的厚度，这应该没什么好惊奇的。但是实际上，玻璃两个表面反射的数量都取决于厚度。采用某种厚度，你可以将窗户内部的反射量实际上减少到没有。

稍稍想一下这个——你将一束光照到窗户内部。通常，某些光子将反射回来；但是，如果玻璃厚度合适，当它们撞击到窗户内表面的那一刻，它们不知怎么将知道玻璃的厚度，就会直接通过而不是被反射回来。这确实非常奇怪。

一旦你认识到部分反射的过程是多么奇怪，那么就不会对分束器能够产生纠缠感到完全吃惊了。采用的方法有一点复杂，但是一步一步来倒也不是非常痛苦。分束器发射一个光子，比如说，发射到左边或者右边，从而开始这个过程。我们不进行任何测量，因此，这是一个量子过程，光子并不神奇地选择一种路径或另一种路径——它是两种状态的叠加，在它射出时一个光子向左边，一个光子向右边。

在这些潜在的每个光子的路径中，等待它们的是两团铷原子冷云中的一团。如果光子照在原子云上，它可能被吸收，然后一个新的光子被释放出，以一种稍微不同、更具能量的状态离开这团云。这个重新放出的光子（不管它照到哪团云）运动到另一个特殊的分束器，称为偏振分束器。反射或透射取决于光子的偏振。在一点上，我们测量光子的状态，测量作用的结果是迫使两团云发生纠缠（光子的可能输出状态并不重要：任一种状态都意味着气体云将发生纠缠）。第二个分束器的输出与可能的输入叠加状态有关。每团铷原子云有一个相互作用的叠加——这意味着当我们进行测量时，它将云的混合状态拉到一起，将它们拉进纠缠。

迄今为止，这个实验进行到这个程度：两团云原则上可以分开的距离最远为40千米（25英里），在原光子通过分束器的点开始，每20千米有一根光纤电缆。但是，理想的是这种纠缠连接可以向外波动。那么每团云可与40千米以外的另一团云纠缠，得到纠缠的云（然后这种纠缠云可用作纠缠光子源），两者隔开的距离如所期望的那样。"我们的一个目标"，库兹米奇说，"是建立远距离量子连接，比如说，在华盛顿特区和纽约之间。"

2003年，纠缠还使光纤普及。如果纠缠在另一种远距离通信——卫星技术中应用的话，光纤是必备的。维也纳大学（University of Vienna）的研究者们成功将纠缠的光子从多瑙河的一边发送到另一边。这不是轻松的实验室工作。初次实验必须在晚上进行，因为纠缠光子束在太阳的自然光子群中会消失。冰冷的天气，呼啸的寒风，研究小组在河边架起了小型纠缠光子发生器，并将其放在一个生锈的旧容器中。这些发生器将它们的光线发送通过一个聚焦望远镜，在水的对面由另一个望远镜接收。采用的望远镜是为此次实验手工制作的。（至于跨过多瑙河并没有什么特别意义，只不过让结果听起来更有新闻价值罢了。）

纠缠的光子跨过600米（2 000英尺）的河宽，接收时仍然可靠地纠缠在一起。下一步就是要跨过甚至更远的距离。中国和奥地利颇有竞争性的项目已经尝试这样做了。首先公开的是位于合肥的中国科学技术大学（University of Science and Technology of China）潘建伟的小组。

2004年，他们成功地将一束光通过两个连接点，一个是7.7千米（4.75英里），另一个是5.3千米（3.25英里）。他们的下一次实验有望与安东·塞林格竞争。这个中国小组计划在中国最著名的景点长城上连接两个分开20千米（12.5英里）的站点。"过去，当外敌入侵时，我们在长城上点火发出信号报警，"潘说，"现在，我们将对未来发出信号。"

同时，奥地利小组的最新室外实验涵盖了长度为7.2千米和8千米（近5英里）的两处路程（legs）。传输站位于坐落在维也纳群山中的一座小型天文观测台的顶部，接收器放在这个城市的两幢摩天大楼里，以得到清楚的视野。有过在维也纳冰冷的寒夜辛苦安装精密设备的经历后，他们决定至少将部分实验放到建筑物内，然而这种舒服工作的尝试几乎毁了整个实验。

VTT是实验中的两幢办公楼之一，像许多现代镶有玻璃的建筑一样，它安有可以减少红外传输的特殊窗户。这具有双重好处，既可以减少建筑的热损失，又可以防止建筑在太阳充足的日子变成温室。不幸的是，这种涂层完全阻断了纠缠的光子，没有光子通过。对研究小组来说，幸运的是这幢大楼开明的主人准备用传统的玻璃更换进行实验的办公室的窗户，使光可以向前传输，研究人员再也没有冻伤的风险了。另一幢大楼——千禧大楼给研究者提供了建筑物整个楼顶的一半让他们来开展实验——对一个科学研究小组来说这是异乎寻常的奢侈。

这个实验及其中国同行的实验覆盖的距离不是随意的，而是出于非常重要的原因选择的。

实验证明，将一束光子通过约6千米（3.75英里）地面空气发送，提供向前推进的阻力与从地面传输一个信号到数千英里外的通信卫星的阻力是一样的，而且卫星是远距离通信必需的，尤其是如果纠缠的光子被发送到较远的距离，而不采用纠缠中继器的话。

地面的距离和推进到太空的范围之间距离差异如此大的原因是，当离开地球时，大气层快速变得稀薄。在8 000英尺高的地方，（也就是大约为墨西哥的海拔高度处，空气稀薄程度相当于客机乘舱内允许的最低气压），与海平面相比，大约减少了20%使光子扩散和阻止传输的气体分子。当你到达20 726米（6.8万英尺）时，几乎没有任何空气。

即使卫星可能在35 405千米（2.2万英里）的太空中，纠缠的光束只需要对付与在地面运输约6千米（3.75英里）相当数量的空气。合肥和维也纳远距离实验的成功表明，使用卫星来提供纠缠的光子是可能的，这是非常值得期待的前景，我们将在下一章中看到。

　　这些成就是在2004年取得的，虽然，实验室外工作的现实性意味着它比预期的更难。由于建筑物、汽车、人群产生的热，导致大气中的空气污染和波动，很难保持光束处于通信中。任何时候，奥地利小组只能维持其中的一个连接。为了同时激活两条路程，他们必须引进自适应光学。

　　想象在炎热天气里，向下看一条长长、笔直的道路。路面看起来似乎在闪光，像变成了液体，这是因为路面上方的空气在跳舞和波动。自适应光学用于消除此种翘曲，从而使图像稳定并且消除使光束在城市上方保持静态非常困难的复杂变形。

　　在强大的计算机出现之前，这是不可能的，但自适应光学采用一系列计算机控制技术使图像清晰。在某些设备中，光首先弹回传统的镜子，这种镜子能够快速变更倾斜角。这消除了振动。这个系统的关键部分在于光照到第二个灵活的镜子，这个镜子形状可以变化。在光线照到镜子前，一个传感器采取部分光样，并监测一组易辨认点的位置。随着点移动，镜子也会发生变形来消除这种运动。通常，镜子一秒钟内形状可能变化几百次。"这真是太棒了，"安东·塞林格用孩子一样的激情评论自适应光学技术的使用机遇时说，"当我们必须使用新玩具时，我们总是很欣喜。"

　　对维也纳研究小组已经计划开展的第三阶段实验来说，自适应光学也是必需的。当潘建伟向中国的长城进发时，塞林格准备向太空进发。下一阶段将在特内里费岛（Tenerife）使用专业望远镜。特内里费岛是西班牙加那利群岛（Canary Islands）中的一个岛屿，位于北非海岸。望远镜可充当发射装置，为高高在上的卫星提供光链路。

　　特内里费岛上的欧洲北部天文台是一处奇观。在绵延数英里的荒芜之地、火山景观之后，原始的岛屿上堆满了奇形怪状的黑色岩石，天文台的圆顶突然冒出，高高地矗立在海拔2 500米之上。这个白色、形状完美的建筑物看起来就像是建在另一个星球的未来前哨站。正是从这里开始，纠缠的光子将发射到卫星，然后返回，以测试通过太空来分布纠缠的通信通道这一观念。只有在轨道中有一个合适的接收器后，这个实验才能开展——塞林格希望在2010年前可以发射接收器。

这所有的一切听起来像从严格控制、环境完美的实验室走向现实世界，一步一步地取得越来越多的成就。但是，当研究人员将纠缠的实际应用扩展到越来越远的距离时，除了把光子安全运输到正确地方有困难外，他们还不得不面对另外一个问题。他们必须得处理一个特殊的，而且易使人误解为似乎不重要的挑战，那就是确保他们知道哪个方向是向上。

这个看上去简单的问题是由澳大利亚昆士兰州格里菲斯大学（Griffith University）的物理学家霍华德·怀斯曼（Howard Wiseman）提出来的。与研究人员，如塞林格的热情相比，怀斯曼是一名清醒的悲观主义者。他指出，理论和现实之间必然存在尴尬的距离，他甚至使用侮辱性的词语"毛茸茸的小兔子"（好吧，比较温和的侮辱）来描述纠缠在理论上很伟大，但无法在实践中应用。

问题是什么呢？纠缠中使用的许多测量都涉及方向。例如，如果讨论自旋，我们需要知道测量时自旋的方向。同样，对光子的偏振来说，通信通道的两端需要交换他们测定光子偏振方向的细节。这在实验室中不存在问题，在实验室中，上和下都有简单的、一致的含义。但是，当发射器和接收器分开越来越远时，上和下（或其他任何方向）的定义变得很模糊。

极端情况是，想象在北极的某人与在南极的某人建立了纠缠。"你认为'上'是什么？"我们问北极的科学家。"当然是北方。"她回答说。"但那是'下'。"她的南极同行说。当然，在这个简单的例子中，很容易准确地纠正什么是上和下，但在大多数情况下，位置更为复杂。

两个位置之间对上和下的看法越不确定，通信的错误就越多。如果一个地方相对另一个位置运动——比如，如果接收器处在一个平面中，则事情甚至变得更为复杂。幸运的是，对那些在现实世界中寻求纠缠应用的人来说，这并不会造成太大问题。他们只是需要对这个问题有所准备。实际上，这是一个相对的问题，答案是使测量也成为相对的。

相对测量不是在任何特定的方向进行测量，而是在两个或多个粒子之间测量，并不需要知道绝对方向。2004年3月，牛津和华沙的研究人员采用两组光子对用于测量，并成功获得了比依赖区分上和下的实验明显更好的结果。德国加兴（Garching）的马克斯·普朗克研究院的另一个研究小组甚至更进一步，采用四组光子进行相对测量。他们发现，甚至在将光子通过随机发生器后，还可能利用它们，因为测量的相对方向仍然有意义，即使那时已经没有任何具体方向的概念了。

这种发现意味着将纠缠不可思议的连接效应从一个地方传输到另一个地方可能需要比预期更多的量子粒子，但这在实际上仍然是可能的。有趣的是，纠缠本身已经为纠缠光子利用者可能遇到的另一个问题提供了一个解决办法——确保时钟在不同地方同步。

2004年，马里兰大学（University of Maryland）的亚历山德拉·瓦伦西亚（Alexandra Valencia）和她的小组采用纠缠的光子使时钟接近完全同步。

纠缠的光子对从中央源发射到两个方向距离都为1 500米（0.9英里）的接收器（两个接收器隔开3千米［1.8英里］）。将显示纠缠的光子对的时间进行比较，两个时钟逐渐同步，这样时间变得一致。此处，纠缠被用作一个标志，来确定哪个光子以完全相同的时间离开中央源。在实验中，时钟一致性的准确度达到微微秒——就是说精确到一秒的万分之一。

由于能可靠地传输纠缠光子，纠缠的应用不再限于实验室。在那广阔的世界中，它们已准备好对人们的日常生活产生实际的影响；而且，纠缠的首要商业应用可能是与保密有关。

Chapter 4

A Tangle of Secrets

第4章 秘密的纠缠

秘密是锋利的工具，

必须远离儿童和愚人。

——约翰·德莱顿（John Dryden），《马丁先生毁坏一切》（*Sir Martin Mar-All*）

纠缠在两个粒子之间提供了一种秘密的连接，一种高深莫测的关系。一旦实际的纠缠成为现实，它立即引起了那些开展保密工作、防止别人窥探的人们的注意。这一点也许没有什么好吃惊的。纠缠粒子本身的神秘莫测，激发了人们最初的兴趣。如果纠缠可以用于携带信息，对任何侦听，它都将密不透风。显然，加利福尼亚州智囊团执行董事想到了这种可能性，他致信给美国国防研究与工程部副部长：

实际上，如果我们能够控制比光速还要快的非定域效应［纠缠］，完全可能制造无法窃听的、抗干扰的高比特率命令——控制——通信系统，用于潜艇舰队。重点在于：既然在这种假想系统中，没有普通的电磁信号连接编码器和解码器，敌人就没有什么可以窃听或干扰的了。

这个智囊团的董事不知道纠缠的另一种情况——如果信息能够以纠缠的连接发送，就有可能将信息传到过去。我们会在第五章讨论这个令人难以置信的计划为什么会凋谢。但是，纠缠对用密码进行贸易有着更为实际的影响，到了2005年，纠缠已经第一次小规模地进入商业市场。

通信是文明的生命线。我们是能够交流的动物，这一点部分定义了人类的本质。然而，与迫切的交流要求相矛盾的是保密的要求。许多交流（比如说广播电视）本来就是向全世界传播的，我们并不在意谁听到——事实上，听到的人越多越好。其他许多对话是放松的、公开的，不管是跨街的大声讨论还是通过邮件公开寄送的明信片。但是，我们有时候想要让我们的信息传达给特定的人，而且只传达给那个人。

当需要保密时，我们不想被别人听到。许多谈话都要求保密。有趣的是，电话在能够进行直接拨号、不需要话务员之前，实际上并没有普及为一种社交工具。人们知道总有别人听到，这使得早期电话没那么私人化，从而降低了电话的价值。

当然，采用合适的技术，普通的电话通话现在仍然能够被偷听，但这对于日常聊天的人来说并不需要担心，然而对那些涉及国家安全或高风险业务的通话来说，这是一个确确实实的威胁（也就是会涉及间谍活动或大型犯罪）。在这种情况下，被偷听的结果可能意味着巨大的损失、刑事诉讼，甚至死亡或战争，而不是造成小小的社交尴尬。不管你是想要保护电子资金转账的银行，还是进行网上支付的网站，抑或是下达进攻命令的指挥官，防止信息被窃听的密码术都是必需的。

过去，间谍活动被称为"大博弈"，虽然这个词语最初是由吉普林（Kipling）在谈到英国和俄罗斯对印度控制的激烈竞争时提出的。但是，

"大博弈"似乎甚至更适合用于描述编制密码的科学——密码学和对应的破解密码信息的过程——密码分析学之间持续进行的战争。

密码学之间的博弈总是在不断进行。密码编制人员发明了一种新的隐藏信息的方法，密码破解者就会找到一种破解的方法。但是到那时，密码编制人员又已经研发了新的策略——如此循环，不断进行下去。实际上，这是一种智力游戏。事实上，在第二次世界大战期间，当英国布莱切利公园（Bletchley Park）密码破译中心招募有潜力的专家时，选拔的一个标准就是猜纵横字谜游戏的能力。布莱切利公园密码破译中心破解了非常复杂的德国恩尼格玛密码机。

只要有信息存在，就很可能一直有人尝试将信息加密。我们需要回顾一下时间的长河，去了解最初的密码术。最初有记录的秘密通信的做法似乎更依赖于将信息隐藏而不是让它无法读懂。古代希腊人是过去隐藏信息的高手。他们将写字板上的蜡刮落，将信息刻在蜡下面的木头上，更换蜡，然后将看起来明显是空白的板子带上路。一种更极端的方法是剃掉信使的头发，将信息写在他的头皮上，然后等头发重新长好，将信隐藏。这对非常紧急的通信并不实用。

希腊人，或更准确地说是斯巴达人，也是第一批使用密码的人，他们甚至提供了精巧简单的、自动信息编码和解码工具。

将一条皮带在一根称为斯科特（scytale）的木棍上缠绕许多次。将皮带紧紧地缠绕，每圈挨着下一圈，这样就得到了一个连续的表面。然后，沿木棍的长度成排地在皮带上写字（如果棍子有多个平整面而不是光滑柱面的话，写字更容易）。当皮带被取下来时，它携带的字符串变得毫无意义，只有将那个皮带重新绕到相同尺寸的斯科特上，信息才重新有了意义。

古代也出现了真正的密码术，最著名的是尤利乌斯·凯撒（Julius Caesar）使用的密码术。凯撒热衷于使用基本的代换密码。在儿童杂志中，代换密码仍然十分流行。这种代换密码总是固定不变地用另一个字母代替一个字母（例如，改变字母表中字母的固定顺序，或从相反的方向开始，这样Z代替A，Y代替B，依次类推），遵照非常简单的原则隐藏信息——如果是战场上的战士使用的话，非常理想。

所有这些古代信息保密机制都有一个显著的缺点，那就是很容易被破解。只有在破解方法不知道的情况下，隐藏的信息才是隐秘的。毕竟，任何人都可以将一条皮带绕到一根棍子上。基本的代换密码术，如凯撒密码术，以一个十岁小孩的智力也可以将其破解。几个世纪以来，密码学家的密码库中增加了越来越多的复杂性。这样，密码的使用更难，但是，保护程度也增加了，防止被密码破译员破译。

起初，在如凯撒密码的代换密码中加入了其他字符来代替特殊的单词以增加其复杂度（常用单词如"the"和常用姓名）。采用其他额外的字符来代替重复的字母（例如，#可代替TT），代表空格或没有任何意义，加入到信息中只是为了制造干扰。在这种情况下，不是单纯代替字母，而是整个单词或短语由单个单词或符号代替来产生密码。基于密钥的加密术给密码编制带来了全新的复杂性。

密钥这个想法非常简单，但其作用仍然非常强大。基于密钥的密码编制系统克服了任何通过一个字母代替另一个字母的密码术的最大缺陷——通过密钥，隐藏信息中的一个字母并不总是代表公开信息中的相同字母。最简单的密钥形式是采用特殊的字母，并在信息字母中"加入"密钥单词的字母。例如，如果在将信息DADDY编成密码时采用密钥单词CAT，把首个字母D在字母表中的位置加三（cat中的c在字母表中的位置），这样，D就变成了G。我将加入A（=1）到DADDY中的A，这样，A就变成了B。当遇到DADDY中的第二个D时，我加入T（=20），将D变成了X。

请注意，第一个D变成了G，而第二个D变成了X。由于密钥单词比编码的信息要短，我们然后又从密钥单词的第一个字母开始编码信息的第四个字母，这样，第三个D的编码又变成了G（D+3=G），最后的字母Y变成了Z（Y+1=Z）。整个单词变成了GBXGZ。

这种方法并不总是使用同一个字母代替原信息中的相同字母，从而其制造混淆的能力非常强大，因为破解密码最简单的途径之一是计算每个字母在信息中出现的频率。在任何语言中，有些字母总比其他字母用得更多——例如在英语中，E是所有字母中最常用的字母——因此，如果有足够长的信息，计算不同的字母出现的频率可以提示哪个字母代替的是哪个字母。通过采用很好的密钥，这些提示会失去它们的价值。

许多因素可以帮助密钥甚至更有效。密钥越长效果越好。在我的上述实例中，密钥CAT非常短，这样三个D中的两个D用同一个字母表示，因为第一个和第三个D都加了C，在密码信息中得到G。

较长的密钥可以克服这个问题。我的密钥本身是一个符合英语规则的单词，这并没有什么用处——可以通过选择没有任何意义的随机字母来改进密钥。我还可以将密钥与其他编码技术结合起来，如用特殊单词或空格替换字母，或加入应该忽略的无效字符。

如果可以分享一个其他任何人都不知道的密钥（当然，要防止密钥被他人知晓，就像要防止信息被人窥探一样困难），那么基于密钥的加密术安全性就会很高。著名的恩尼格玛密码机是基于复杂的机械密钥产生机制，实践证明它很难（虽然不是没有可能）被破解。尽管早在1918年，已经发展了一种基于密钥的加密术，完全不可能破解。

如果密钥完全由随机选择的值组成（这样它就不具有可以推导的规律），并且如果密钥中的每个字母只使用一次的话，只要信息采用这个密钥进行编码，产生的编码是绝对安全的（如果窃听者手上没有密钥本身的话）。没有人很快就想到这一点，真的很让人吃惊，这种方法虽然相对简单，但却是"一次一密法"的基础。

这是吉尔伯特·桑福德·弗纳姆（Glibert Sanford Vernam）的想法，他是美国电话电报公司（AT&T）贝尔实验室的一名工程师，他建议可采用事先生成的密钥，以字符接字符的方式，将电报电传上的信息安全地加密保存在纸带上。〔弗纳姆的创造性想法由美国陆军通讯兵部的上尉约瑟夫·莫博涅（Joseph Mauborgne）完善，他认识到密钥上的字符必须随机产生，以确保信息绝对安全。〕只要没有其他人获得那个密钥，就完全不可能破解"一次一密法"的密码。

比如说，我想发送一条简单的信息给我的经纪人，"以345卖掉（SELL AT 345）"。我不想其他任何人发现，并抢在我前面冲进市场，因此，我需要对这条信息进行加密。就像计算机使用ASCII编码一样，每个字符有一个数值，我们可以使用我们自己的数字码。让我们使它既简单又好用——让数字1—9代表那些数字，0编码为10，A是11，一直到Z变成36，最后空格是37。此处，我们不需要为标点符号或上档下档键费心，虽然，我们当然能够以完全相同的方式使用完整的ASCII风格的代码。

这条错乱的信息被发送给我的经纪人，他也有这个秘密的密钥：2—31—19—4—16—4—11—27—35—14—9。将过程反过来，接收方可以破解这条信息。假如这个密钥绝对不再使用，这种方法是无法破解的。密钥的一次性使用是必需的，因为使用方式在一系列信息中出现，密码破解者就可以将密钥逐渐分析出来。但是，如果发送者和接收者是唯一知道密钥的人，而且这个密钥只用一次的话，"一次一密法"是完全不可能破解的。

由于字符被我们的随机密钥随机修改，如果没有密钥，信息将毫无意义——当试图破解密码时，简直无处着手，也没有任何东西可以依赖。

S	E	L	L		A	T		3	4	5
首先将信息转换成数字。1—9还是数字，0变成了10，A是11，一直到Z变成36，空格是37。										
29	15	22	22	37	11	30	37	3	4	5
接下来，我们得到1和37之间数字的随机系列，将是我们的密钥。										
2	31	19	4	16	4	11	27	35	14	9
然后，我们在信息中加入密钥数字。										
31	46	41	26	53	15	41	64	38	18	14
如果我们将任何大于37的数字减去37，我们可以把这个信息转换回字符。										
31	9	4	26	16	15	4	27	1	18	14
U	9	4	P	F	E	4	Q	1	H	D

图4.1　一次一密法加密术

这种一次性密码在第二次世界大战中使用，但是它们无法在许多操作环境中使用，因为远距离地点要想安全地获得密钥非常困难。如果一次性密钥可以拦截和复制，则敌人可以读懂采用这个密钥编成的所有信息。正是由于这个问题，德国推出了恩尼格玛密码机。恩尼格玛密码机不是一次性密码加密机，但是它以一种复杂的方式产生密钥，非常难以破译；而且密钥是当场产生的，因此它不可能被拦截。

恩尼格玛装置的核心是一系列齿轮（起初是三个，后来齿轮更多）。每个齿轮在接触邻近齿轮的那面附近有一系列连接器，每个连接器在齿轮内与相同齿轮相对面上的另一个连接器连接。当按下恩尼格玛打字机键盘上的一个键时，电流被发送到第一个齿轮的相应连接器上。如果电流发送到第一个齿轮的第一个连接器上，它可能会在第五个连接器的另一侧出来。这个电流将流入第二个齿轮上的第五个连接器，但是可能会从第十七个连接器上出来。当通过齿轮后，这个电流然后被"反射"——通过齿轮重新返回，返出后点亮一系列灯泡其中一个，每个连接器对应一个灯泡。

在键盘上A键可以导致S灯亮，这就是加密的价值。到这里为止，还是简单的代换，但是恩尼格玛的绝妙之处在于，当键松开时，第一个齿轮将转动一个位置。下一次，再按这个A键将得到不同的密码。当第一个齿轮转了一圈后，第二个齿轮再转到另一个位置——如此循环下去。如果通讯通道两端都使用相同齿轮的恩尼格玛密码机，从相同的位置开始（齿轮外面有字母，这样可以设定初始位置），它们就可以一次次使用不同的密码连接交换信息。

尽管恩尼格玛的功能强大，而且非常复杂，如在前面加入了额外的齿轮和连接器，就像是老式的电话交换机，在任何需要的时候，使键盘和第一个齿轮之间的连接改变。但是，恩尼格玛的信息最后还是被英国布莱切利公园的密码破译人员给破译了。破译是一项耗时费力的工作，它根据特定的无线电台报务员习惯的信息格式组合（例如，或许一个人评论天气时总是以某个特别的单词或评论开头），采用简单的机械计算机，寻找匹配的可能组合，进行强力分析，从而破译了恩尼格玛的信息。恩尼格玛非常强大，但是只要付出足够的努力，它是可以被破译的，这与"一次一密法"的密码不同。

密钥的加密系统的关键问题在于，要让接收方安全地得到密钥，而其他任何人都无法得到这个密钥。只要密钥被破译，就没有任何秘密可言。如果我能够拜访你，并事先把密钥给你，我们两人都把密钥复本安全地锁好，那当然非常好。但是，这是一个劳动强度很大的过程，并且在许多情况下这根本不可能实现，不管是到达遥远的战场还是在更普通的现代应用中（比如在线输入信用卡卡号从网上购买东西时，保证信用卡卡号的安全）。解决的形式是公共密钥加密（不用为每个人都配备一台恩尼格玛密码机），这种技术很好地保障了在线安全。它采用的不是一个密钥而是两个密钥。

接收信息的人为任何需要的人提供一个公共密钥。这个密钥是一个幻数，用于对信息加密。但是，信息只能通过第二个密钥才能破解，而这个密钥只有接收者知道。因此，如果有人窃听并获得了发送者用于加密信息的密钥也没什么要紧，因为那个公共密钥并不足以破解信息。在第六章中，我们将回顾此类公共密钥系统是怎样工作的，以及纠缠是怎样使它出现问题的。

公共密钥系统非常方便，而且破解也非常困难。但是，与"一次一密法"不同的是，理论上公共密钥系统总是可以破解的。随着非常先进的公共密钥加密系统的发展，科学家和数学家继续寻找一种无法破解的技术，而不需要采用笨拙的"一次一密法"的密钥分布。这需要的是一种用于分布信息的机制，可以加密和解密，但是，其密钥不会被窃听者拦截。看起来，量子纠缠可以提供这种铜墙铁壁一样严密安全的、令人吃惊的保密机制。

第一个采用实际方案利用纠缠进行保密的科学家是阿图尔·埃克特（Artur Ekert）。1991年，埃克特描述了一种方法，能够把加密密钥从一个地方发送到另一个地方，保证其绝对不会被窃听。埃克特具有波兰和英国血统，早年在美国和欧洲各国旅行，生活丰富多彩。他在波兰的克拉科夫大学（Kraków University）获得了自己的第一个学位，并且他在苏东剧变时期加入了团结工会。

埃克特自1991年开始就在英国工作，起初是在牛津大学，最近又在剑桥大学。他现在是剑桥大学（University of Cambridge）量子物理学的李·特拉普内尔（Leigh Trapnell）教授，也是国王学院（King's College）的一名研究员［他还是新加坡国立大学淡马锡实验室教授（Temasek Professor）］。埃克特在读有关纠缠的原版EPR论文时，注意到爱因斯坦和他的合作者描述了一种听起来刚好很像密码学中完美窃听的过程。如果你可以不干扰一种属性而了解它，你就可以窃听到信息，却又不被侦察到。埃克特认识到约翰·贝尔的纠缠试验可用于检测信息的侦听。

巧合的是，就在阿图尔·埃克特的"尤里卡（eureka）"（译者注：据说是古希腊学者阿基米德根据比重原理测出希罗王王冠所含黄金的纯度时所发出的惊叹语，现用作因重要发明而发出的惊叹语）时刻不久后，约翰·贝尔在牛津大学作了一次演讲。埃克特报告说，当他把自己的想法告诉贝尔时，他说："哦，我的天啊，我从来没有想过它可以实际应用。"他对将贝尔不等式投入使用的建议非常吃惊。

埃克特的方法中有一个纠缠光子的中央源。每个光子对中的一个光子被发送到通讯链路的每一端。两个接收者在三个角度中的一个角度测量光子的偏振，每次测量随机选择角度。然后，它们分享对它们有用的某些信息，但是对每次测定的角度及不同的角度时的测定结果不必进行保密。

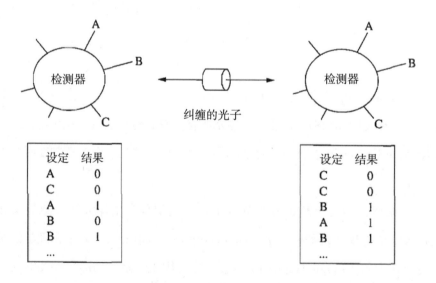

图4.2 基于纠缠的量子加密术

在上述实例中，在每次测定前，每个检测器随机设定在方向A、B或C中的一个方向。当纠缠光子到达检测器，在所选方向进行测量时，它将得到结果0或1。在得到一系列读数之后，链路两端共享了检测器所在的位置（对左边的检测器是A、C、A、B、B…，右边检测器共享的数值是C、C、B、A、B…）。方向虽然不同，但它们也共享了结果。因此，左边检测器共享的数值是0、—、1、0、—…，右边检测器共享的数值是0、—、1、1、—…

检查这些读数，看看它们相同的频率——如果光子仍然纠缠，也就是没有被动过的话，应该比预期在没有纠缠这种不可思议的连接的情况下，具有更密切的相关性。从比较的结果可以看出，光子仍然是纠缠的。这意味着它们没有被窃听，因为任何窃听和读取数值的尝试都将破坏纠缠。

因此，在相同角度测定的光子对（在实例中是第二个和第五个光子对）是安全可靠的。我们知道它没有被窃听，关于它们数值的任何信息也没有被传播；而且由于纠缠，我们知道它们都具有相同数值，这个数值只有两台检测器的主人知道。

因为没有信息从发送者发送到接收者，现在你或许好奇这样做有什么意义。密钥什么时候发送的呢？答案不仅非常巧妙，而且解决了传统密钥密码学最大的问题之一。通常，如果我想发送一则信息给你，我首先产生一个密钥，然后将它发送给你，接着我们通过这个密钥进行交流。但是，这意味着存在三个机会来破译我们的系统。间谍可以在我使用密钥前，在我方发现密钥；或在我将密钥发送给你时（通过任何方式）窃听密钥；或在你保存密钥时找出这个密钥。

在发送者或接收者方面找到密钥，通常比在密钥发送时窃听要容易一些。神奇的是，埃克特的纠缠技术提供了密钥本身——我不需要想出一个密钥，我们两个也不需要事先把密钥保存好。锦上添花的是，与采用计算机产生的任何事情不一样的是，这种纠缠产生的密钥是真正随机的。（如果你认为计算机可以产生真正随机的数字，请看第133—134页。）

当链路的两端都测定同一方向的偏振，结果或者是0或者是1，完全是随机的。我们都得到了相同的结果；但是，我们不知道将要得到的结果是什么。0和1的随机顺序成了密钥本身。

甚至更巧妙的是，如果可以采用某种方式保存纠缠的光子，只要我们愿意，我们就可以保管将成为密钥的光子，只有在我们进行测定的那一点处，密钥本身才诞生——因此，没有人可以潜入，事先偷看密钥。实际上，保存光子并不容易，虽然现在已经出现了几种技术（例如，请看第160—161页，一种完全让光停下来的方法）。但是，实际上可能不必将纠缠的光子保存在架上，它们可以在需要时获得——比如通过卫星。

这就是前一章末尾提到的实验为什么如此重要的原因。如果卫星可能成为"原始"纠缠光子的来源，它们可以被照射到地球上的两处地点，提供极佳的远程纠缠秘密源。

阿图尔·埃克特并不是第一个尝试使用量子世界的奇特性质来保证数据安全的人。早在1970年，美国哥伦比亚大学的斯蒂芬·威斯纳（Stephen Wiesner）就认为，利用量子力学的独特性可以制造出无法伪造的纸币。威斯纳想象一张上面既有传统序列号又保存了一组二十个光子的钞票，每个光子在四个方向随机偏振。

要制造威斯纳的古怪钞票，银行要有一本秘密簿，将序列号与偏振联系起来。偏振是一种量子状态，这使得它对测量的反应很奇怪（见第87页）——你只有事先知道每个光子的偏振，你才能准确地测量它。想一想——只有你已经知道了结果应该是什么，你才能准确地发现光子的偏振。

例如，如果你有一个与水平成45度角偏振的光子，要检查它是否水平偏振，答案不会是"否"或"1/2"，而是在一半情况下，答案为"是"，另一半情况下，答案为"否"。那么进行水平测定，得到答案"是"告诉你光子不是垂直偏振，但它本来可以在任何其他的方向偏振。同样，如果得到的答案是"否"，你仅仅知道它不是水平偏振，而不知道它之前具体在哪个方向偏振。

然而，如果你有银行秘密簿的复本，而且你知道偏振肯定是水平方向成45度角，并以这个角度进行测量，那么每次答案都会为"是"。因为不可能读出光子偏振值，所以你无法复制它们。因此，只有带有特殊序列号和整组二十个按银行秘密簿规定的正确偏振方向的光子的纸币才是真正的、原始的钞票。已知偏振可以被检测而未知偏振无法被测定这种巧妙的技术，使从钞票复制数值变得不可能。

虽然威斯纳的想法的确非常有趣，但却难以使人信服，而且也不切实际。回到1970年技术不那么发达的时代，他的建议在任何情况下都不可能实现。即使是现在，将二十个光子禁锢在纸币上的这种技术，也将花费数十万美元，而且尺寸（以及重量）将如同一个小烘箱。因此这根本就不是一种有效防止美钞伪造的方法（虽然，如果有某种方法可以将这种防伪检测器嵌入到名画中，如《蒙娜丽莎》，也许值得一试）。当时人们对威斯纳的建议的反应，也反映了这种计划的不切实际。他悲伤地评论道：

> 我从我的论文指导教授那里没有得到任何支持——他对它根本没有任何兴趣。我也向其他几个人展示了我的想法，他们全都摆出一副奇怪的面孔，然后继续做他们自己的事情。

即使你可以制造出包含二十个偏振光子的钞票，验证钞票的这个纯粹的行为就将它破坏了，这就使能够验伪的整个意义丧失了。没错，银行可以重新恢复那个数值，但商店不能。而且，在这之前忽略了一个巨大的前提：

怎样才能在一张钞票中保存一组偏振光子呢？光子具有以光速运行的习性——它们不会闲坐在那里等着被测量。威斯纳想象每个光子位于一个微小、内衬镜子、制作精良的箱子内，光子永远在里面前后回弹。理论是很好，只是在现实生活中无法实现。然而，科学中有些伟大的突破也是来自不可能的假象实验。威斯纳大胆荒唐的想法，或许为下一次密码学中利用量子的想法播下了火种。

这下一个想法来自查尔斯·班奈特（Charles Bennett），他是威斯纳大学时的朋友。班奈特目前是计算机生产商IBM的一名科学家，他和蒙特利尔大学（Université de Montréal）的吉勒斯·布拉萨德（Gilles Bnassard），想到了一种更实际的利用量子论来保守某些秘密的方法。

班奈特生于1943年，他首先是以一名化学家的身份开始了自己的学术生涯。但是，从1972年为IBM工作时起，他就开始主攻物理学和信息理论之间的交叉学科。IBM虽然是以商业企业而著名，但也常在纯理论研究方面进行大量的投资，而班奈特的工作将展示这种战略的好处。班奈特的合作者吉勒斯·布拉萨德1955年生于蒙特利尔，当他们开始研究量子加密术时，他才刚成为他所在大学的一名教师不久，这是他的首份学术工作。

班奈特和布拉萨德想出了一种方案，用于跨过开阔的通道分配密钥。正如我们已经看到的那样，这是密码学家的梦想，因为私人密钥是保守秘密的理想方式。但是，要想使密钥安全地交给接收方而不被窃听非常困难。班奈特和布拉萨德想象利用一束光子作为密钥传输方法，光子的偏振方向为0或1位（例如，如果它们水平测定，水平偏振结果将是1，垂直偏振结果将是0）。

巧妙之处在于：发射器和接收器都在水平/垂直和对角之间随机地改变它们的测量。在密钥已经被传输之后，传输的一端告诉另一端它们使用的是哪些方向（但不说明它们是否携带"0"或"1"）。这意味着当一端的方向与另一端的方向不同时，它们能够舍弃测量。

至于埃克特后来以纠缠为基础的方案的巧妙之处在于，如果第三方沿途截获了光子，他们就已经破坏了测量。在窃听发生时，没有人分享检测器正在使用的方向，因此，窃听者无法知道正确的设定是什么。测量这个行为将改变某些偏振。然后，如果两个通信者分享他们某些光子的值（并且舍弃那些光子，不用它们来发送密钥），他们就可以检查是否被窃听。

只有当两端装置的随机设定一致的情况足够多时（不仅包括密钥本身，而且包括它们舍弃的、用于检查的光子），密钥传输才完整——而且只有检查得出满意的结果，才能使用这个密钥。这看起来似乎是绝对可靠的。但是，这个想法受到重重阻力。这次，人们对理论没有质疑（与威斯纳的想法不同，班奈特和布拉萨德的想法得到了广泛支持），而是认为不可能将它付诸实践。量子论只不过是一种理论而已，作为通信系统的基础，它似乎太不实在了。

最后，班奈特觉得说服那些怀疑者的唯一方式就是将理论转变成实验。班奈特本人是一名理论家，而不是实验家。因此他拉上了一名研究生约翰·施莫林（John Smolin）帮助他制造量子加密机。这对他们两人来说，都是一种学习的经历。正如施莫林后来评论道：

> 查理和我对制造任何东西都所知不多，但是我们知道这很危险。这里有一个实例，可以看出查理做实验的敏捷性。我记得有一次我去他们在马萨诸塞州坎布里奇的公寓拜访乔治（染匠班奈特的继子）。查理对他从某处弄来的美味新茶非常兴奋。他架起了一个小小的双套锅，包括一个锅和一个茶壶，他解释说这是煮这种美味茶叶的正确方法。乔治和我离开房间出去了一段时间，几个小时后我们回来了。当我们来到厨房时，我们注意到了这个

茶壶。如果你了解黑体辐射，你可能看过黑体是如何在熔炉中变得看不见的，它会辐射出光谱，这种光谱与空腔中充满的光谱一样。我们发现的情况与这不太相同：锅里的水已经烧干，只留一个红彤彤的茶壶。这本来也没有什么使人不安的，除了这个事实：在室温时茶壶本身是绿色的。我已经忘记了茶壶是绿色的，若不是乔治指出来，并关闭炉子证明，我也不会知道茶壶是绿色的。美味的茶叶什么都没有留下，除了一股淡淡的焦香。

这两人作为实验家，除了遇到一些实际的限制之外，还遇到一些琐碎的问题：他们没有预算购买设备。像班奈特这样的理论家通常需要的东西很少，只不过是笔和纸罢了——而建立实验装置是实验家的事情。他们从IBM的仓库中搜出各种零件，班奈特发现他可以说服官僚，几乎可以订购价钱低于300美元的任何东西，这样就不会被计为资本支出。

1988年某天凌晨三点左右，在一间漆黑的房间内，班奈特和施莫林成功得到了肯定的结果。两台计算机，（虽然得承认它们距离只有一英尺）由于采用了量子方法，十分安全地成功交换了密钥（这个阶段的实验还没有试验窃听的效果）。连接两台计算机的不透光的盒子，用于防止加密光子产生散射干扰。盒子被干巴巴地也很古怪地称为"玛莎阿姨的棺材"。一位经过者在注意到这个放在班奈特桌子上的、盖着黑天鹅绒的盒子时，对施莫林表示了吊唁。盖上黑天鹅绒是为了挡住光的泄漏，但是它却给这个盒子增添了阴暗的葬礼氛围。

班奈特和布拉萨德的想法已经在实验室中证明可以使用，并且已经成为某些早期商业量子加密术的风险投资基础。

但是，如果要发展成在现实世界中可以广泛使用的可靠产品的话，他们的方法还存在许多问题。首先，只有在你能够将单个光子从一个地方发送到另一个地方时，这种方法才管用。当班奈特和布拉萨德在20世纪80年代研究这个想法时，要在稳健的商业产品中将单个光子从一个地方发送到另一个地方是很困难的，即使是现在，要做到这一点也是困难的。这意味着班奈特和布拉萨德每次都必须使用一群偏振光子，而不是单个光子——原则上，窃听者也许可以从每群光子中偷出几个光子而不被检测出来。这种方法还需要在两端之间建立多重通讯来发送光子，并对比设置和校验码，确定是否采用密钥。

问题还不止这些。采用偏振光子直接作为量子密钥的方法还存在一些问题，因为在假想实验中，所有实际装置具有的固有损耗和故障经常被遗忘。这种系统依赖于当光子到达接收站时能够将其检测出。但是，这个过程将会出现误差，只有通过两端之间某种程度的交流才能解决这些误差。这种检查系统保持数据稳健，但是也创造了某些信息泄露出去的可能性。班奈特和布拉萨德想出了一种被称为秘密放大的技术来避免这个问题，原则上使它们能够整理密钥，剔除可能已经被偷听的部分。

如果窃听者能够使用量子纠缠来更巧妙地提取信息，减少拦截的影响的话，这种技术本身很容易被窃听。即使采用秘密放大，像班奈特和布拉萨德他们管理量子密钥分配，也总是通过纠缠与拦截冲突；阿图尔·埃克特的量子纠缠加密术，采用只对纠缠的光子有效的类似秘密放大的技术则不会与拦截冲突。

最后，班奈特和布拉萨德的技术取决于在将其发送到另一端之前、在过程一端产生的随机密钥。与密钥是由纠缠本身产生的量子加密术不同的是，这种技术产生的密钥有被检测出的可能性，而且还存在不是真正随机产生的风险，除非它也是经过量子加密过程产生的。纠缠是比班奈特和布拉萨德的方法更难一点的方法，但从安全性观点来看，具有明显的优势。

采用纠缠来产生密钥，不是帮助保密的唯一方式。如果采用传统的私人密钥，如班奈特和布拉萨德的方法采用的那样，还可以使用纠缠来帮助检测侦听。想象产生一束纠缠光子，注入到数据流中。它们可以被插入到数据中的随机位置，只有纠缠光子的百分数是已知的。

在接收器一端，可试验光子的纠缠。如果百分数仍然相同，则密钥可以使用；如果百分数显著下降，则信息已经被侦听——因为读取信息将破坏纠缠。当然，这种技术必须加以改进，以防止被偷听。例如，偷听者建立新的纠缠，使其百分数刚好合适；但是，原则上采用纠缠分布密钥的行为已足够保密。

以埃克特建议的方式使用的量子纠缠，与任何人想出的既实际又完全安全的通讯方法仍然是最接近的，但是，那些喜欢破解秘密的人不会保持沉默。仅称量子加密术不可破解这一点就足以引起黑客大怒。应该强调的是，试图破译加密术的人并不总是坏人——他们有些为国家安全机构工作，努力防止恐怖主义，有些是为加密术开发人员试验技术的有效性。

因此，黑客是否有机会呢？是否可能破译这个不可破译的密码术，通过一个无法逾越的屏障呢？简单的回答是也许吧。请记住，产生一个随机秘密密钥的"一次一密法"，其信息是完全不可破译的，自1918年以来一直如此——但是这种方法仍然并不常用。即使加密术本身可能是无懈可击的，但是密码的产生、保存、分布和使用都可能产生安全漏洞。同样，人们或许可能避开量子纠缠不可破解的偷听监测。

首先，物理学可能存在瑕疵，虽然这种可能性非常小。某些进一步研究的量子神秘现象，也许允许进行不可能的偷听。正如就在最近，还有很多人争论在现实世界中无法利用纠缠本身一样。如果发生了这样的事情，突破不可能来自黑客——它将是一种传统科学发现，接下来会制造破坏安全的可能性，正如量子计算机的发展（见第六章）可以使目前互联网上使用的公共密钥加密很容易被破解一样。

虽然，更可能出现的情况是在物理学和工程学之间显示出巨大差距。虽然，目前已有几个机构可提供交钥匙型量子加密系统的早期版本，人们可以购买和安装进行实际的商业应用，但是实验室的发现和稳定可靠的仪器装置之间仍存在一定距离。难就难在将理论和可控制的条件迁移到实验室外真实、危险的世界这一过程中的种种细节。确实通过简单地在线路上侦听，没有人能够破译量子密码，这是正确的；但是，还存在其他可能性。

采用强大技术的危险之一是人们会变得松懈，因为他们相信技术会保证他们的安全。例如，当汽车变得更安全，司机的风险却更大。如果一台计算机的通信确实是安全的，使用这台计算机的人就会变得懒散，优秀的黑客就会利用人身上而不是科学中的漏洞。通常，技术上出色的保密性却由于人类的懒散或不胜任而降低。人们将密码写在贴在计算机屏幕上的便利贴上，放在他们工厂的装置上，或使用像"密码（password）"一样的密码，导致系统对黑客完全没有防范。纠缠加密系统的用户也一样会粗心。

如果你从一条秘密信息的创建开始就跟踪它，沿着量子纠缠系统的线路从另一端出来，信息必须从可读的形式开始，在远端它必须转换成可读形式。从某方面来说，如果它具有任何数值，信息必须到达人的大脑，这意味着要印在屏幕上或印在纸上，这时就没有任何加密。显然，一旦信息破译出来，量子纠缠（或其他任何加密系统）对保护信息就无能为力了。因此，一个表面上看起来很明显但很容易被忽略的机会是在加密前或在加密清除后侵入。

这可以通过很多方式来完成，从微不足道的小事——盯着输入或读取这则信息的人员的屏幕或键盘——到更微妙的手段，包括监控计算机键盘和电脑本身之间或连接计算机和屏幕线路中的信号。现在，任何人都可以在市场上买到一种简单的，看起来没什么害处的连接器，可以插在键盘和计算机之间，然后就可以在打字时捕捉到每一次击键。

令人担忧的是，商界、政府和军队仍然有许多高级人员认为从计算机读取信息有失身份，因此坚持把信息打印在纸上。此时，如果信息被打印在纸上，仍然有可能被人偷瞥。

但是，即使没有任何方式来拦截加密形式之外的信息，也还是有可能愚弄系统本身。这里是一个没有用的实例，因为工程师已经意识到这一点，因此将密切注意它。但是，某些类似的事情仍然可能发生：现实生活中的系统必须应付线路上的噪声和损耗。没有任何实际的系统第一次就能够使数据100%地通过。这意味着所有通讯系统必须能够处理误差，不管是通过利用冗余（重复发送消息要素），或通过建立检测误差并要求重新发送消息的机制。

大多数量子加密系统凭借建立一系列将成为密钥的0或1值，用于对真实的信息加密。想象一位黑客成功沿连接通讯通道两端的光纤发送一股强大的脉冲，这股脉冲是如此强大，以致烧坏了接收端两个检测器中的一个。如果检测器之一出毛病的话，构成"随机"的模式将全部——比如说1组成，那么密钥将是一串1。然而系统操作员却将仍然认为，加密采用的密钥仍然是变化而不可预测的。

同样，可能那部分系统将会无意中泄露信息。如果偷听者能够侵入线路，并监听非通讯本身（监听通讯将扰乱量子测定，从而被侦测出来），而是其他不太明显的地方，比如激光的控制信号，或如果偷听者可以将他们自己的光子朝输送者方向发送，并根据那一刻采用的设定从设备得到不同的响应，也许可能接近这个系统而不扰乱纠缠连接。

这些可能没有哪一个是确定的。纠缠仍然是所有可想象到的加密术中最强大的工具，只是当将科学理论转变成实际工程方案时，总是要探索各种各样的可能性。

量子加密术离大规模的商业应用非常近，到2010年很可能被大量地用于重要信息的保密。预料之中的是，安全组织和金融机构都对此产生了很大兴趣。2004年4月21日，安东·塞林格，量子世界风头最盛的人，通过在维也纳市政厅和奥地利银行之间演示连接，激起了未来客户对这种系统的兴趣。我们已经在书中提到塞林格几次了，他在开创量子纠缠的实际应用方面起了非常关键的作用。

安东·塞林格，1945年生于奥地利，他在维也纳大学为期末考试温习功课时，出于偶然，对量子物理学的特性产生了兴趣。"我一节量子力学的课程都没有去听，我全是在期末考试的最后一刻从书本中学到了相关知识。我所读到的知识让我兴奋——也许是兴奋多余其他东西。"自那以后，量子世界的实验就一直让塞林格痴迷。

塞林格和他的研究小组从市政厅至位于肖腾加瑟（Schottengasse）街附近的奥地利银行支行建立了通信连接，并且采用基于量子纠缠的加密术进行保密，利用现成的软件（加密和解密模块除外），成功从维也纳市长基金转出了3 000欧元（当时约合4 000美元）到大学账户上，这是当局送给他们这项研究的礼物。

为了此次展示，在约500米（约1/3英里）的距离建立了加密连接，光纤通过维也纳的古老下水道。这些下水道是奥逊·威尔斯（Orson Welles）的经典电影《第三人》（*The Third Man*）的场景之一，非常有名。当然，塞林格已经展示了通过空气远距离发送纠缠的光子是可行的。2004年，新加坡政府决定将这种自由空间网络和量子加密术结合。

新加坡计划成为第一个对全国通讯网络采用量子加密术保护的国家。公平地说，对新加坡来说，这比大多数国家要容易得多。

新加坡的主岛面积仅仅约为24千米（15英里）乘以13千米（8英里）。通过从岛中心传播纠缠的光子，所有重要地点都可被一个最大的传播距离所覆盖，而这个距离接近已经在维也纳被证明实际可行的纠缠传播距离。

这个项目，是淡马锡实验室（Temasek Laboratories）国防研究机构、新加坡国立大学（National University of Singapore）、南洋理工大学（Nanyang Technological University）及政府资助的A*STAR机构的共同项目，一开始在大约1千米（2/3英里）范围内建立了连接——其中，维也纳小组仅需要使连接保持的时间足够进行实验，而新加坡的装置则必须一直保持运行，不管天气有多糟糕，这意味着还要进行许多试验来观察这种技术是否能够承受风、雨、气流，甚至是地震的影响。

新加坡的研究小组是由学术、商业和政府人员组成，与奥地利的研究小组一样，他们需要利用有源光学来将光束保持在轨迹上，但目的是形成一个遍布这个岛屿的星形网络，并在2010年前能够为商业和国防利益所用。美国和欧洲在光纤和自由空间量子加密系统方面都有大量的商业活动，因此在世界范围内采用这种技术几乎没有什么可怀疑的。

纠缠已经证明了它在保证信息安全方面的价值，并且可能在这个领域开展首次商业应用——但是，这并不是已经与量子纠缠联系在一起的唯一通讯领域。毕竟，纠缠粒子之间存在神秘的连接，似乎在任何距离都能立即响应，这种方式违背了相对论。是否有机会打破光势垒，通过这种非定域连接发送一条即时信息呢？

量子
纠缠

第5章　布利什效应

> 我的兴趣被两种巧合所激发，这两者难以说清因果，却在这个万事皆注定的世界同时发生。
>
> ——詹姆斯·布利什（James Blish），《同一时间》（*The Quincunx of Time*）

1954年，科幻小说作家詹姆斯·布利什撰写了短篇小说《嘟嘟》（*Beep*），以探索任意距离的即时通信。将信息及时发送到任一地点的能力具有强大吸引力，几乎每个听说过量子纠缠的人，都会联想到这种可能。

毕竟纠缠粒子正好涉及到即时通讯。两个粒子不论处于何地，相隔多远，当其中一个粒子发生变化时，另一个也会作出反应。只要有人能驾驭这种神秘的力量，利用量子纠缠在任意范围内发送即时消息，纠缠的巨大价值就能得以证明。我们不仅可以利用它确保信息安全，还能够克服光滞后的问题。

即使在相对较小的地球，光速也会造成延迟。要知道光速（在真空中光速约为300 000千米/秒或186 000英里/秒，在其他地方稍慢）可是地球上传递信息最快的速度！使用卫星电话通话时，光速会引起恼人的停顿，令建造

97

大型通信网络的工程师们头疼不已。通常信息传播距离越远，光滞后现象就会越明显。

当地球与火星相隔距离处于平均水平时，火星探测器（比如"勇气号"和"机遇号"）发射的信息也得花上四分钟才能到达地球。这类延迟十分漫长，几乎不可能采取实时监控。哪怕从最近的星球（此处非太阳）发来的任何通信，都需要四年以上的时间才能到达地球，而银河系中距离最远的星球发送信息到地球需要数十亿年。正是在发送信息穿越太空的背景下，布利什构思了这部小说。

作为一名美国人，布利什职业生涯的大部分时间都在欧洲度过。他的作品涉猎广泛，几乎囊括了科幻小说的所有领域。其中最受欢迎的是《事关良心》（*A Case of Conscience*）——一部探索人类本质的思想小说；而《飞行都市》（*Cities in Flight*）是风行一时的银河系列传说，布利什在这部作品中呈现的宽度和想象力能与艾萨克·阿西莫夫（Issac Asimov）相提并论；同时，他写了《星际迷航》类型系列，甚至还虚构了一部关于中世纪著名科学家罗吉尔·培根（Roger Bacon）生活的小说。

但是《嘟嘟》与其他小说不同。布利什本人曾以这个故事为基础完成了《同一时间》，在后者的序言中他承认道："写小说……已经没有多少作者身体力行亲自构思，更别说情景剧了。正如（我的编辑）斯隆（Sloane）先生所言，小说的结构几乎仍是框架式的，实在是敷衍塞责。"不过《嘟嘟》基本上属于纯粹的理念小说。布利什提出一个非比寻常的概念，借助科幻的力量，去探求这种想法可能产生的结果。

小说的背景设定在2090年。在那个时代，超越光速的太空旅行已经开始一段时间了，然而信息传输还不能相同做到。跨越光年最快的通信方式是利用太空飞船携带信件进行信息交流。然而，狄拉克发射器［以20世纪英国物理学家鲍尔·A. M. 狄拉克（Paul A. M. Dirac）的名字命名］这项新发明将改变一切。不论距离有多远，狄拉克发射器都能确保通信即时抵达。一旦即时通讯实现了，它将给每个人的生活都带来出乎意料的巨大影响。

布利什没有谈及他的小说是否能反映历史意识，尽管关于罗吉尔·培根的那本小说已经清楚表明了他对科学历史背景的痴迷。不管《嘟嘟》的影响有哪些，我们都需要回到19世纪80年代，通过了解信息传输从实际物体到虚拟实体的转变，重新简要梳理现代通信发展中存在着的重要相似。

自动物驯化以来，陆地上传达信息的最快方式一度依赖马背上的信使，他们要么记住口信，要么就将书面信件放在鞍囊中传递。而水路上信息的传递速度则取决于航船速度。那时仅几百英里（1英里约等于1.6千米）的信息传送也需要好几天，如果横跨大陆，则将滞后几周甚至是几个月。

马大约能以每小时三十英里（约48千米）的速度飞奔，一旦变成长途传送，速度或许降至每小时16千米。骑马具有局限性。但即使是在古代，这一局限也并不是信息传送过程中所面临的唯一限制。此处重要的限定词是"复杂"。

如果信息的传送只是为了简单的警报，教堂钟声足以担任这个角色——它在海平面上能以每小时约760英里（1 223千米）的音速传递警报。如果警报源和目的地之间视野良好，那么可以在警告范围内利用任一物体以光速传递信号。比如，白天挂出白旗、燃起烟柱或夜晚点燃烽火等。从中国长城的烽火台到印第安部落的烟幕信号乃至世界各地，这些方法都曾被广泛使用。

它们吸引注意力颇有成效，但是传递实际信息却几乎没有什么用处。像有人刚获得世界冠军、科学突破相关的详细说明、藏在心底的爱意、谈生意或宣战等信息，还是只能依赖稳定、缓慢的马背骑士。直到18世纪90年代，法国人克劳德·查比（Claude Chappe）将速度极快的、受局限的报警系统与合适的代码相结合，才能传递更详细的信息。

查比最开始利用声音做实验，把一个敲起来十分响亮的铜锣（实际上是一个大金属锅或砂锅）与一对时钟拼在一起。一旦闹钟与一系列响声同步，当闹钟秒针经过一个选定的数字，砂锅就会敲响。信息接收者的闹钟秒针经过同一数字时，他也能听到这个声音（音速导致的任何滞后都会通过最初的同步声响纳入系统中）。这些都只需要时钟数字转化成合适的代码即可。为了使用起来更简单方便，钟表表面还贴上了字母。

声音可以绕过障碍物，但消失得非常快，还十分依赖风向。想要声音可靠地传播800米（0.5英里）以上是不科学的，这意味着如果要在国内传播一则声音信息，必须建立数量众多的站点。此外，声音也会干扰他人的生活，招人厌烦。

教堂钟声或宣礼员（注：在伊斯兰教寺院尖塔上按时呼唤信徒做礼拜祷告的人）的召唤，是目前仍在使用的最常见的远距离音频通信系统。短时间内人们或许可以接受这些呼喊，不过不分昼夜连绵不断的声音只会让周围的人无法忍受。因此，当基本原理被证明可行后，查比就开始探索其他代替方案。

其中明显的改进手段要依靠视觉完成。毕竟自古以来，视觉信标都是主流。只要视野良好（望远镜也会有所帮助），方圆十英里（约1 600米）以内的信标都能看清。查比的首次尝试是将一块木板装在枢轴上，木板漆成一面白一面黑，通过转动，简单地以视觉闪光代替听得见的轰隆砂锅响。一闪而过的白光像最初的响声那样用于标志钟面位置。可是很快时钟这个相对琐碎的替代品就被遗忘了——因为如果要传递一则以上的信息，信息组合"位（bit）"就能表达每一个具体的字母。

原本几块板子同时作用就可以完成这个实验（之后的竞争装置中出现有这种设置），查比却偏偏选择了或许是最古老的信号视觉形式——"空中挥舞手臂"，并按比例放大。他的装置安装在塔顶，由两只"巨臂"组成，每只臂上装一个转动的终端。臂与终端的摆放位置不同，从而能够将一串字母从一个站点传到另一个站点。一位受过古典教育的朋友建议查比把这种远距离通信装置命名为电报（telegraph），取自希腊语"远（afar）"和"写字的人（one who writes）"。［上文提到的朋友缪特·德·梅里托（Miot de Melito）在他的回忆录中说，查比本想把这一发明叫作速记员（tachygraphe），大意是写得快的人。但是梅里托嗤之以鼻，他觉得这个名字"糟透了"。］不过"速记员"后来变成了术语，但不是用于远距离记录仪，而是指监测卡车司机路上花费时间的机器。

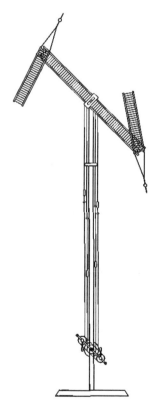

图5.1 查比的电报

到了1794年，即查比把原系统换成视觉信号的三年后，一系列电报站已经建成，这些站点可以从巴黎发送信息到130英里（约209千米）外的里尔（Lille）。在15个巨大信号装置间，几分钟狂乱的机械手势就能取代马背上一天的漫长行程。

法国电报站的成功促使接下来的四十多年里，世界各地建立了大约1 000个电报站，其中多数沿战略防线修建。这不是巧合——电报［或英语国家所称的"旗语（semaphore）"，取自希腊语"信号承载（signal bearing）"］不仅运行成本高昂，还受天气和时间（白天黑夜）限制。至于实现商业和私人信息的传送，还必须等待成本更低、可靠性更高、传送距离更远的媒介出现。

人们在当时就很清楚应该采用什么样的媒介了，只不过无法突破面临的实际困难。而在查比的机械巨物建造前，人们已经知道电能飞快地沿线传递信号。可直到19世纪30年代，大西洋两岸的平行研究才克服了人们尝试建立电报时遇到的两个主要问题：怎样通过电脉冲这类看不见的物质传输信息以及更加技术性的问题——如何实现既用电线传播信号，又不浪费电线？

在那个世纪之初，电一度用于异常野蛮又不切实际的发明中，过去的污点导致之后有人想用电创造新发明困难重重。1839年，塞缪尔·莫尔斯（Samuel Morse）在纽约开始进行电报研究。四年后，英国的威廉·库克（William Cooke）和查尔斯·惠斯通（Charles Wheatstone）小组也展开独立研究；而两者都在发明初始阶段被贴上了怪物的标签。

多年的工作和演示，收获寥寥，之后莫尔斯终于在华盛顿至巴尔的摩（Baltimore）铁路沿线建造了一条电报线路，其原理是采用点划代码将电脉冲转化成人们可以理解的信号。此线路于1844年5月24日发送了第一条信息"上帝创造了什么（What hath God wrought）"。

几个月后的大西洋另一边，库克和惠斯通利用电流，像磁盘拖拽指针那样控制了指示器的各个部件，最终拼出了字母。他们的电报线连接着伦敦和西部20英里（约32千米）外的斯劳（Slough），后者在当时只是个不知名的小地方。之所以被选中，因为它是离温莎（Windosor）和伊顿（Eton）最近的火车站，战略位置显著：温莎是王室家庭主要居住地，伊顿则是有钱人和贵族的公子们的学校所在地。

1844年8月6日，新的电报线将维多利亚女王（Queen Victoria）第二个儿子出生的消息从温莎传到了伦敦，从而产生了巨大的宣传效应。据说，这个消息在温莎宣布40分钟后便出现在《泰晤士报》上，转眼传遍了伦敦的大街小巷。消息的发布速度，放在今天也非常了得，而这大部分功劳得归功于电报。

电报以迅猛之势遍地开花，其速度可与21世纪初互联网的发展相提并论。到1850年，已经有1.2万英里（约1.9万千米）电报线横穿美国。1855年亚瑟·斯莱（Arthur Sleigh）上校在英国创办新报纸时，顺理成章把这份报纸命名为《每日电讯报》（报纸主要是公开发表对剑桥公爵（Duck of Cambridgt）的抨击。 在克里米亚战争（Grimean War）中担任将军期间，剑桥公爵竟然根据社会地位而非个人能力来提拔初级军官。）该报刊与《泰晤士报》一样发行至今。

有人对电报线如何发送感到不解——例如，缅因州（Maine）一人看着话务员将紧急电报沿线发送出去，可写有信息的那张电报纸条明明还在大头钉上，并没有被送走。疑惑之下他问为什么不发信息，却被告知信息已经发送了。他觉得自己被骗了，毕竟"纸条现在还在钉子上"。尽管存有疑惑，但数以千计的信息实实在在快速传播到了各地。正是因为这些信息，人们洞悉了电报所代表的即时通讯的影响。让我们来看以下两个具体的事例，它们都出自汤姆·斯坦迪奇（Tom Standage）关于电报发展的杰作——《维多利亚时代的互联网》（*The Victorian Internet*）。

1854年1月3日，约翰·托厄尔（John Tawell）在斯劳谋杀了他的情妇，随即坐火车逃往伦敦一个安全的无名的小地方。仅仅在几年前，从斯劳发送逮捕令的最快方式还得依靠另一辆火车来实现。可案发后，这个谋杀犯行动如此迅速，已经抢在了逮捕令之前。一旦他搭上火车，就能及时回到一个没人知道谋杀案的地方。于是这桩谋杀在伦敦相当于还没发生，他还是一个清白的人。

对托厄尔而言，不幸的是，首条英国电报线路正是沿他搭乘的火车线路运行。斯劳话务员注意到了他那特征明显的棕色长大衣，拍了一份电报到伦敦警察局，让他们找一个"穿得像教友派［kwaker（Quaker）］的人"（库克和惠斯通的系统中没有q）。就这样托厄尔被逮，后来被绞死了。信息破坏了他对犯罪时间的操控，在他抵达伦敦之前，信息就早早到了。

更让人吃惊的是，这种方式可以愚弄博彩系统。如果现在有人计划时间去旅行，脑海中涌现的第一个想法就有在抽奖前发现中奖的乐透号码，轻轻松松发大财。在19世纪这样做是可行的，当时的赛马庄家对反映通讯速度的时间持实用态度。他们认为只要赛马结果还没到达庄家操纵的小镇，比赛就不算结束。因此，镇上的人依旧可以投注，直到结果传到小镇为止。

精明的投机客很快就发现电报能将信息及时有效地传回，而此时庄家认为比赛尚未结束，那么知道结果的人就能百分百赢得赌局。电报公司对这种机会主义十分戒备，他们试图阻止这种交易，这便促使那些犯法的人早期使用编码传递信息。

相关文件记录了一个实例：一份电报从伦敦发送到20英里（约32千米）外位于著名赛马场附近的埃普瑟姆丘陵（Epsom Downs）站，电报内容是请求一位朋友送一些行李和披肩到伦敦。回电是："你的行李和格子呢（tartan）在下一班火车前到达。""格子呢"是一个文字符号，表示赢得比赛的骑师的颜色。如此一来，收信人可以在比赛结果传到伦敦之前下注了。

对一个靠驿马快递传递信件的世界而言，电报颠覆了一切。与之前的任何传递方式相比，电报提供了即时信息。

如果说电报改变了维多利亚时代的商业和社会，改变了布利什想象中的未来，那么，狄克拉发射器（Dirac transmitter）更具有革命性。小说《嘟嘟》中，在发射器即将第一次试用时，某些非同寻常的事情发生了。一位匿名告密者抢在实验之前公开了这个秘密试验。更奇怪的是，在后来的几年里，政府也似乎觉得发射器具有神秘的先知能力。

当有入侵舰队在太空出现，反击舰队就应该已经候在那里准备阻击攻击。然而，就算敌舰队一出现便立即发送信息，组织反击舰队即使用不了几周也得花上好几天时间。

小说的主人公逐渐意识到狄克拉发射器在某种程度上能接收未来的信息，这种能力取决于对发射器工作方式的想象。布利什是一个心思缜密的作家，他尽力采用了科学事实。如果他听过量子纠缠概念，我们几乎可以肯定他会将它写入小说，正如小说中他想出了一类非常类似的虚构概念。通过他小说中一个角色的语言，我们可以直观感受到为什么布利什的编辑要抱怨了：

> 运动中的正电子通过晶格时会由德布罗意波陪同。德布罗意波是宇宙中其他处于运动状态的电子波的变换。因此，如果我们控制了正电子的频率和路径，我们就控制了别处电子的位置。

正电子是带正电的电子反物质，首先由狄克拉提出理论，几年后在实验中被发现。他的发现使得20世纪50年代许多科学家（和科幻作家）激动不已——例如，阿西莫夫的著名机器人就拥有"正电子大脑"。因此，布利什在他想象的技术中加入正电子，也没什么好奇怪的了。他描述的分离无意间

105

与纠缠非常相似，但小说中的狄克拉发射器是怎样告知用户未来呢？

每则信息开始时都有一种高音嘟嘟声，显然属于无法避免的技术干扰。每当对这嘟嘟声进行分析时，狄克拉发射器发送的每条信息，一直被浓缩到单个声音冲击中。

因此，这种"看"未来的能力——来自正在发生的事件警报可以在事件发生之前被人知晓。

"嘟嘟"纯属虚构，但如果它真实存在，那么接收未来信息的能力将会带来令人恐怖的巨大影响。它不仅能够给你本人发送乐透中奖号码，让你挣大钱——又或者是警告外星人侵袭——而是可能破坏整个因果关系链，即一件事引起另一件事的方式。

想象一台简单（如果毫无意义）的装置：一台能够利用自身发射遥控开关的发射器。发射器打开时，我们通过时间旅行装置把信息发送到几秒钟以前。但在发射器发送这条信息之前，这条信息已经将发射器关闭。可如果发射器关闭了，它就没法发送信息。而如果信息还未发送，则发射器仍是打开的——这种结果是纠缠的梦魇，一种似乎破坏了整个现实性基础的矛盾现象。

如果布利什的《嘟嘟》仅仅是一部小说，我们为什么要担心呢？因为只要信息速度能超过光速，任何信息都可以回到过去。如果纠缠确实意味着我们能以无限的速度毫无延迟地发送信息，我们就有技术来制造传输信息的时间机器。即使不允许个人通过时间维度回到从前，我们也可以向过去发送信息。这是狭义相对论某部分带来的不可避免的结果——爱因斯坦将这些部分描述为"同时性的相对性"。

> 我提出了这两种闪电同时发生的另一主张。假如我问你这种主张是否有意义，你会果断回答"是的"。但是我现在要你更准确地解释这个主张的意义何在，经过思考后你会发现，这个问题

的答案并不像它初看起来那么简单。

爱因斯坦提到，我们如何知道两束闪电是真的同时击中呢？"同时发生"对空间上分开的两个物体意味什么呢？我们不可能同时待在两个地方，也无法确定两个地点的时钟是否完全同步（不论这意味着什么）。爱因斯坦建议检查同时性的唯一方法，就是由一位手持一对镜子的观察者待在两个地点之间，这样，他就可以立即看到两个方向。如果闪电完全同时到达中点，那么事件就是同时发生的。

到目前为止，一切挺合理。但是，现在我们把实验从路堤移动到铁路上来看。爱因斯坦继续想象一列长长的火车沿铁轨从左开到右，同时，也有一名观察者拿着两面镜子站在火车上，在闪电出现时，镜子处于闪电的中点。

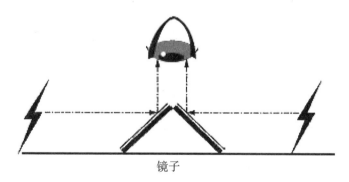

镜子

图5.2 爱因斯坦的路堤上同时到达的闪电

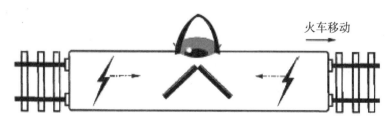

图5.3 闪电瞬间爱因斯坦的火车

可这时出现了问题。当光朝中心的两面镜子移动时，火车已经开动了。如果火车从左开向右，则右边镜子离右边的闪电更近，左边的镜子离左边闪电更远。就火车上的观察者而言，右边的闪电早于左边的闪电。对同一名观察者来说，如果他自己在移动，同时发生的两件事便不再是同时发生的了。然而，两个实验中的观察者都是对的。

这也许是讨论"固定"观察者概念最合适的时间。在相对论中，你必须一直结合背景考虑事情。当我说这个观察者为固定的，我指的是相对雷击他没有移动。他仍然坐在地面上（我们大多数人习惯性认为大地是固定的）。这也不错。但是我们应该记住，这位"固定的"观察者同时也在随地球的自转而转动，绕着地球轨道闪烁，跟随银河系以每秒数十万英里的速度穿过宇宙——如果不夹在"相对于"这些词语中，我们很难深入讨论相对论。这种情况下，第一个观察者相对路堤和闪电是固定不动的。（第二个观察者在运动，但相对火车而言，他又是固定的。）

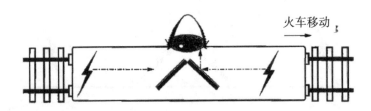

图 5.4　爱因斯坦稍后的火车：右边的闪电已经到达，但左边的闪电仍然在路上

现在，任何读过一点相对论的人，都容易全神贯注沉浸于爱因斯坦这个火车实例。在狭义相对论中，其绝对核心是以下概念：不管你朝着光束前进，或背着光束前进，还是静止不动，光总是以相同的速度运动。相对论的这一基础是爱因斯坦首要概念的由来。

爱因斯坦曾躺在瑞士伯尔尼（Bern）一个公园的青草堤上，半睁半闭着眼让太阳光在睫毛上嬉戏。他想象以某种方式能让自己骑在眼里闪烁的光束旁。如果光的表面与其他东西一样，那么假设你刚好以相同的速度在它旁边行驶，光就会像一列火车那样停下来（或将要停止）。就爱因斯坦而言，想象的光压根就没运动。而且由于宇宙中并不存在神奇的固定点，他的观点与一个人说光以18.6万英里（近30万千米）/秒的速度运动一样有效。相对他来说，光是静止不动的。

这就引出了另一个问题。爱因斯坦知道苏格兰物理学家詹姆斯·克拉克·麦克斯韦（James Clerk Maxwell）已经证明，光是两种相互联系的自然现象的相互作用。运动的磁场产生电，运动的电流又产生磁场。光是通过自身力量将自身逼停的终极实例。移动的磁波支持移动的电波，移动的电波反过来支持磁波——像是聚会上玩的游戏，人们围成一圈坐下，一个人坐在另一个人的膝盖上，每个人都支撑着另一个人。

但是，只有当电磁波在特定的真空中以186 000英里（近30万千米）/秒的速度移动时，这才会起作用。该速度是起初光被认作电磁波的鲜明特征。

爱因斯坦认识到，相比于现实世界遇到的每个物体，光必须以一种看上去彻底反常的方式表现。不论我们的移动是快是慢，光总是以相同的速度移动。背着光运动不会使光速降低，迎着光运动也不会使光速增加。我们可以追溯到伽利略（Galileo）的相对运动观点，即普通相对论，但它对光不适用。

首次遇到爱因斯坦关于火车的主张时，光的奇特行为使这种主张看起来很古怪。他似乎将火车的速度加在右手的闪电光上了，然而实际上没有加上去，因为此处还有其他因素开始起作用。爱因斯坦的狭义相对论让我们困惑，因为光的恒速导致时间和空间性质出现令人不安的变化。为了理解正在发生的这一切，我们需要更深入地探索这奇异的相对论世界。虽然实验已经证明爱因斯坦是正确的——但在加速的火车上，这两个事件并非同时发生。

右手的闪电出现在左手的闪电之前。

如果你还不信服，下面几页将证明爱因斯坦为什么是正确的。在应用狭义相对论时，有一个巧妙的视觉技巧可以帮助我们更清楚地理解什么是同时发生的事件。这种方法被称为闵可夫斯基图，以俄裔德国数学家（他出生在俄国，8岁时移居德国）赫尔曼·闵可夫斯基（Hermann Minkowski）命名，他于1908年想出了这种方法。这些图更能清楚解释为什么事情总是按照它自己的方式发生——在这种情况下，对某个正在运动的人来说，理解什么是"同时的"并不意味着同样的事情。

闵可夫斯基图在纸上平摊开表示空间和时间。图纸通常这样完成（没有什么更好的原因）：人们测量时间通过的通道，将其作为纵轴向上的运动，同时沿横轴测定每段距离。（为了简单些，我们只考虑一维空间——当然事实上这是三维空间，不过我们只需要一维空间来探讨究竟发生了什么，这有利于保持闵可夫斯基图适宜的平整。闵可夫斯基图代表所有空间维度和时间维度，要完整画出这一幅图需要四维，这有些麻烦。）

我们要使用这种设置来演示即时交流，所以请想象家里有一台发射器，还有一台置放在飞速驶离地球的宇宙飞船上的接收器。我们以地球观察者的角度来看事情——因为使用相对论，你总得知道你的角度是什么。

这是一个非常简单的观察者图，他坐在家中，没有运动（观察者是黑色箭头）。随着时间以一秒/秒的速度滴答流逝，观察者按箭头方向的时间线向上移动，却不存在左右运动，因为观察者本人没有动。一个并没有移动的物体（参照我们的观察者）——以观察者手中的笔为例，笔尖笔直向上朝着时间轴。假设静止的物体离观察者右边一码（约0.9米）远，用另一个箭头表示，而此箭头与观察本身的箭头平行，却沿横轴有一码的距离。为方便起见（这次仍然是完全随意的），我们在时间零点开始观察，这时图形的两根轴在零点交叉。

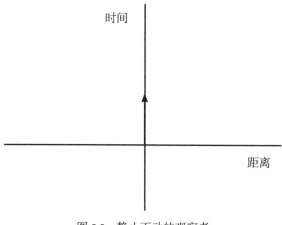

图 5.5 静止不动的观察者

现在，我们将宇宙飞船加到图里。

宇宙飞船在图中的飞行可视为每秒在时间轴上移到一个单位。它开始在静止不动的观察者右侧附近飞行（很近，看上去非常危险），并飞向太空。为了简化实验，我们已经忽略了一堆复杂的麻烦，如加速度等。可这艘飞船已经开动，它开始立即加速。

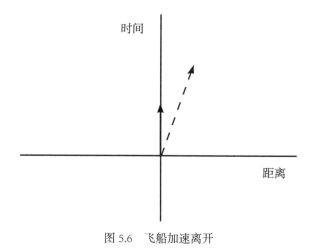

图 5.6 飞船加速离开

随着时间流逝，它以稳定的速度离观察者远去，因此我们会看到一根笔直的线。目前为止，一切都很平常。但如果这是一束光又会怎样呢？它将是另外一根直线，却有特定的角度。

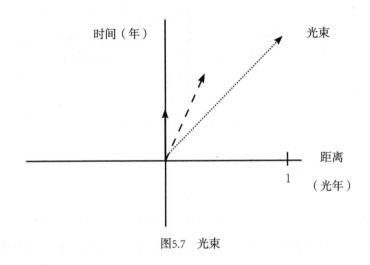

图5.7　光束

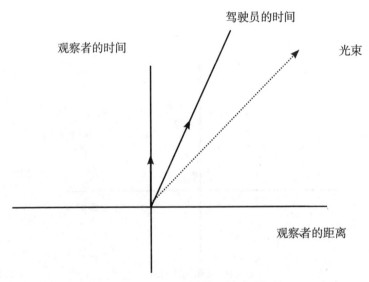

图5.8　观察者角度的两根时间轴

112

为了让事情真正简单易懂，我们用年来衡量时间，以光年衡量距离（即光在一年中移动的距离，约9 460 000 000 000千米）。这意味着每过一年，光已经移动了一光年。因此，表示光束的线将是45度，它移动时，沿每根轴线移动的距离刚好相同。

图中代表飞船的线必须一直处在代表光束的线上方。如果在下方，这就表示在任何时间内，它比光运行的距离更远——比光还快。

现在，我们要考虑飞船驾驶员的时间通道。从他的角度来看，没有移动的物体看起来像什么呢？请记住，对地球上的观察者来说，他附近未移动的物体必须紧紧跟随着他，伴着时间流逝朝纵轴上方移动；垂直的时间轴和未移动物体箭头是同一根直线。驾驶员面对的情况也是如此——没有移动的物体必须与他待在一起，必须和他处于同一根直线向上运动。再一次强调，驾驶员的时间轴与他看到的没有运动的直线（即他的运动直线）相同。我们同观察者一样位于地球，在将驾驶员的时间轴画成其运动直线时，这条运动直线也与观察者本身的垂直时间轴有差异。

虽然我们关注的是时间，但也必须知道，上图水平距离轴上方只适应了观察者的角度，而驾驶员看到的距离是不同的。

现在我们虚构一个同时事件。爱因斯坦的实验是用距离测量同时性，他的两束闪电看起来与图5.9上的东西有点像。

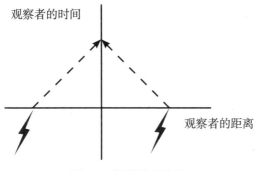

图5.9　爱因斯坦的闪电

　　这两束闪电都从时间零点出发。来自不同位置的光以光速朝相反方向45度角运动，最后同时抵达观察者的位置。

　　由于爱因斯坦原来的例子依赖光束和等距离定义同时事件，因此，要使用我们的飞船图就必须利用略有不同的版本来测量同时事件。我们还没有计算出地球上的观察者到宇宙飞船的距离轨迹。

　　先看一看图中各轴与时间零点交叉的时间。光总是以相同的速度运动（在我们的图上以45度角运动），所以可以说在时间零点前10秒发生的闪电从一面镜子弹回，回到时间零点后10秒的同一地点时，会用与时间零点一样的时间弹回镜子。

　　实际上，这旋转了爱因斯坦的同时事件图。因此时间上它是对称的，而距离上不对称。因为反射发生在时间线上的位置恰好与时间零点相同，观察者会得出它与时间零点同步的结论。虽然空间上它与观察者的位置是分开的。

　　而飞船驾驶员怎么看待同时事件呢？此处夹杂了狭义相对论的复杂性。请记住，爱因斯坦整个狭义相对论的发展来自一个事实——不论观察的人怎么运动，光始终是以相同的速度运动。这意味着我们看哪一张图、从哪个角度看都不重要，因为光总是以45度角运动。当其他所有事物都在变化时，它仍是一个常数。

　　我们一如既往地确信当它在时间零点后到达时，闪电刚好从时间零点前的同样秒数出发——但是，这时驾驶员时间轴上的时间零点两侧（而不是观察者的垂直时间轴上），两个点的距离相等。因此，驾驶员看到镜子反射发生的时间刚好是时间零点的时间。它与时间零点是相同的。不过，要让光束以45度角运动，反射必须发生在什么地方呢？它处于观察者时间线上的时间零点上方。就观察者而言，后来它在时间方面发生了改变。对他来说，反射与时间零点不再是同时的，一如爱因斯坦的两束闪电也不再同时。

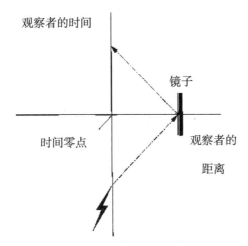

图 5.10　观察者的闪电和镜子

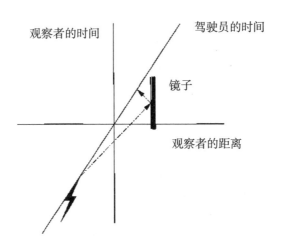

图5.11　驾驶员的闪电和镜子

观察者和驾驶员看到飞船上的时间通道是不同的。认识到这一点是理解此处发生了什么的关键。这种"不同"经历了同时性的改变。正常世界里，这种改变很难被注意到，几乎没什么意义。不过，我们先想象发送探测器进入太空，并将它加速到光速的合理比例。因它运动导致同时性发生的变化，同时也受到距离的影响。举个例子，如果探测器以光速的一半速度离开我们，并到达十光年远的距离，在地球上的观察者看来，它的钟将比我们的时钟慢了约5年又9个月。

假设2020年我把一个即时信号发送到探测器上，相对我而言，该信号在同一时刻到达，但时钟上显示到达探测器的时间是2014年到2015年之间。不过这是相对论。从探测器的角度来看，我们的时钟运行速度缓慢。这种对称性的发生是根据探测器的视角而言，它本身是静止的，而地球是运动的。如果探测器对它自己的即时信号作出回应，则会出现完全相同的效应。我们会在2009年接收到它。总之，信息将在时间上倒转11年。

讨论时间旅行，或跨时空发送信息这一更简单的概念时，整个想法通常因为会缺乏证据而被摒弃。如果信息真的可以传到过去，如今的我们难道不该被未来信息淹没了吗？不过未来仍像石头一样寂静无声，那么最好的假设就是人类还没有实现跨时空传输信息——跨时空传送还不行。（而不怎么美好的原因是——在时间能够发送任何信息之前，人类已经消失了。）虽然这种技术的运用与未来信息的缺失并没有什么矛盾。

任何依赖爱因斯坦同时性的穿越时间信息装置，必须要有高速中继站，而且距离地球遥远。那些钟必须花时间逐渐形成差别。在我们看到的实例中，探测器将花上二十年时间到达它的位置，比提供信息的时间迁移年限还要多。相对论的现实意味着：即时信息永远不可能回到其发送者——探测器发射之前的时间点。在能够接收未来的信息之前，我们必须已经建成这项技术。

这是此类技术的极端版本，是实现大型时间倒转所必需的条件。将一则信息倒转几小时发送，赢得乐透奖，或者跳回去几毫秒启动自相矛盾的机器，在它发送启动开关的信息之前将其关闭等，则可能不需要那么远的距离或那么快的速度。假设已有方法发送真正的即时的信息，倒转的时间数量不是焦点，它仅仅是我们对于这种技术可能破坏现实结构的认识。

极其古怪混乱的是，某些物理学家利用"因果顺序假设"（指的是痛苦的双关语"时间警察"）来谈论任何两种因果联系在一起的事件（一个事件引发另一个时间），且不管你怎样戏弄时间，事件总是以相同的顺序发生。这类方便的实验未必有概念，但它并非不可改变——有许多时间旅行的机理没有违背物理定律，只不过不切实际（如利用中子星物质制成的巨大旋转圆筒）。因果顺序假设并不会阻碍时间倒转交流，它更像是学者对反对它的人扬扬眉而已。

因此，如果我们曾进行过真正的太空旅行，那么即时交流绝对是巨大的福祉，它还将使因果关系陷入分解的危机中。量子纠缠是否能提供这种不同寻常的双刃剑呢？奇怪的是——正如我们已经看到的，差不多每个听说过纠缠的人一开始都会这样想，"这肯定可以用于超光速发送信息"。但是，在失去对因果现实的控制之前，我们需要深入了解它。

在将一组纠缠对的一半真正输送到通信连接的另一端前，不管纠缠有什么能力，它仍然做不了什么。纠缠与广播不同，它更像是步话机。原来在同一个地方的一些粒子必须分开，分别送到通信装置所在的地方。只有这样，纠缠连接才能使用。

纠缠通信的第一个阶段必须涉及传统的光速传输（或旧式火箭，即在火箭上带一满盒粒子），但它本身并不能阻止即时信息的发送，它只是意味着在连接建立时存在延迟。发明初期，电报无法穿越大西洋、无法以光速发送信息，直到缓慢、艰难地铺设了3 200多千米（2 000英里）电缆后，这个目标才得以实现。同样，一旦我们的量子链接两端有了它们的纠缠粒子，光速延迟现象才会消失。

现在，我们开始通过神秘的连接认真考虑信号的现实性——比如我们将利用的最简单的纠缠。它对发送真实的信息并没有好处，但就像查比横跨法国海峡叮当作响的砂锅实验一样，我们最好先对这个概念进行试验。

想象两个纠缠的粒子，在通信连接的每一端各有一个；而粒子自旋与摩尔斯电码的点或划相当。我们目前已清楚，自旋是许多粒子的属性，在任意特定方向测定时，它只有两个属性——向上或向下。我们在第二章提到，由于量子世界的奇特性，在检查自旋前，粒子立即能处于两种状态。测量后，它要么变成向上要么向下自旋。假设纠缠是这样的：测定一个粒子时，两个粒子总是假设相对自旋。那么我们可以使用向上自旋为点，向下自旋为划吗？

不幸的是，我们不可以。请想象我们通过检查传输站粒子的自旋来启动纠缠连接。自旋向上，接收器粒子能马上进入向下自旋状态。这就是即时通信。在我们观察发射器粒子的瞬间，第二个粒子刚好从多重状态改变为向下自旋状态。但是在观察前，我们无法得知发射器粒子的自旋是向上还是向下。在连接的远端，接收器粒子向下自旋这个事实告诉我们，发射器是自旋向上的——不过，这一认知并不携带任何消息，它只是一个纯随机事件。

尽管如此，我们也不应该放弃全部希望。典型的通信有两维，包括内容（任意形式）和事件发生的时间。要知道，夏普电报的最初形式是在具体时间内通过综合单个信号（比如敲击砂锅或跷跷板的白色闪光）发送信息。纠缠能使用同样的技术吗？

假设我们就同步时间达成一致（考虑到任何相对效应），在此前提下我们可以虚构一个通信装置，它由一排纠缠粒子组成。以秒为基础，每秒（毫秒甚至无论什么）我都会检查沿线的下一个粒子。如果它仍然纠缠，我就登记一个1。如果已经有人在发射器端看了这个粒子，导致它不再是纠缠的，我便登记一个0。粒子结束的状态是什么并不重要——纠缠的完全瓦解能充分证明一些事情的发生。我们再一次得到了即时通信，其形式与那些连续吐出一系列字符的自动收报纸机带类似。

可很不巧，这种方法还有一个基础缺陷。发现一个粒子是否处于纠缠状态十分重要。这通常需要将两个粒子放到一起，然后得出他们是否已经受到干扰。但是，这对我们的即时通信装置没有什么用处，因为粒子分开的距离可能达数光年之远，而且两个纠缠粒子分隔在相距极远的两端。

不过我们还有最后一丝希望。我们在前一章所言，量子加密术的选择之一是分开两个纠缠的粒子，并向通信装置各发送一个粒子。两个粒子的连接性质用于建立随机的数集，然后用作加密密钥。可只有在两个站能够确定粒子是否仍然纠缠的条件下（因此确定信息是否被侦听），该项技术才有用——这一点可通过纠缠粒子没有重新结合来解决。这绝对是一种远距离即时通信工具吗？

遗憾的是——它不是。真实的情况是，只有在两个站之间以传统方式发送一则信息，这两个站才能确定信号是否还是由纠缠粒子组成；而这则信息的移动速度比光（相对）慢，粉碎了即时连接的可能性。

根据我们老朋友贝尔的理论（见第二章），粒子是否仍然纠缠是可以检测的。通过比较两种粒子的状态，人们首次证明了纠缠的存在。同样，通过比较接收的粒子带来的信息（以不会破坏密钥安全性的方式比较），可能确定纠缠粒子是否被侦听。

有一点很关键，必须通过传统的光速通道从一个站发送信息到另一个站，粒子才可以进行比较。纠缠连接再一次拒绝携带有用的信息，也许时间警察确实在那里。

结果令人沮丧，可纠缠的真实情况正涉及到即时信息和时间倒转信息。情况的确如此——如果你可以发送真正的即时信息（或任何比光速还快的信息），该信息将在发送前就已经收到。同样的，不论距离多远，纠缠的神秘连接都会立即发生作用。然而不管你怎样努力尝试，都无法利用该连接发送信息。就好像画一个方形的圆，不管采用什么灵活的技巧，它都不可能实现。能使纠缠有用的唯一方式是通过传统的交流某些事物，最好是利用光速将人带回过去。

对某些观察者而言这还不够。他们会担心，即使不可以发送信息，但还是存在运动速度超过光速的东西，它们能使一个粒子与另一个粒子的行为发生反应。不过这种担心实际上遗漏了纠缠隐藏的内涵。

想象我们有一块非常特殊、极度反常并完全坚硬的物质。当我推动一端时，结果另一端也立即移动，而不是压力波沿物体向下移动。我刚刚以比光还快的速度进行了通讯。从物体的一端到另一端的运动没有花一点时间。（这类似于一些对光的早期解释。当时光的速度没有确定，人们认为光速是无限的。）

真实的世界并非如此。我们看到的物体与具体的单个原子层物体完全不同。实际上大多数固体显然存在开放空间。当你推一个"固体"事物的另一端，比如推砖块，离你手指最近表面的原子运动并不会立刻传递到砖块的另一端。相反，第一个原子只是离下一个原子稍微近了一点。在光速移动的影响下，这会增加下一个原子上的力，因此它们也开始移动，继而迫使下一层原子运动，并依次类推。砖块不是作为一个整体运动，相反，它会出现波动，不过观察者看不到这种方式，正如肉眼看不到构成砖块的原子之间的空隙一样。

从某种程度而言，我们更应该将纠缠想象为完全坚硬的砖块。两个纠缠粒子与其说是正在通信的两个分开实体，不如说是空间分离的单个实体。将纠缠比作成回避空间概念的某种事物，而非跨越任何距离通信的事物，或许对我们更有帮助。

宇宙学家很大程度上已经学会如何在太空生存。如果目前流行的宇宙初期历史理论是正确的，那么宇宙真的历经了难以置信的巨大膨胀，就像一个气球，没耗费任何时间突然就从虚无扩大到太阳系的尺寸。如果这种膨胀确实发生，它的速度将远远超过光速。但人们认为这是可以接受的，因为它只是一个正在膨胀的空洞空间，而非以该速度移动的实际物体：物体不存在，那么也不存在以超光速移动的信息。如果膨胀只允许在相对受限的小出口发生，那纠缠也该如此，这似乎无可厚非。

还有一个好消息，即使纠缠不能用于传输比光速还快的传统信息，其仍然有巨大的价值。这一点在纠缠运用于量子加密术方面已经很明显了。不过当纠缠被引入到捣鼓数据的计算机世界时，这一点会变得更为显著。

Chapter 6

The Unreal Machine

第6章 虚幻的机器

如今，我平静地注视这台机器，

留意着它的每一次脉搏，

留意着它平静的深呼吸，

它便是那生死之间的过客。

——威廉·华兹华斯（William Wordsworth），《西蒙·李》

（*Slimon Lee*）

通讯和计算机同步发展。IBM是一家致力于计算机—通讯技术的公司，该公司的科学家查尔斯·班奈特（Charles Bennett）是最早为纠缠的实际应用提出建议的人员之一，这并不让人吃惊。但是他的想法并不是利用纠缠来改进通讯。20世纪80年代，IBM和其他生产商及大学都意识到未来隐藏的大问题：电子计算机正在实现其伟业——人们预计它的能力在之后的三十年或三十多年间仍然能够提高。但显然传统计算机最终还是会停止发展，不过纠缠将为计算机提供我们目前梦寐以求的未来能力。

毫无争议，计算机和互联网已经改变了我们的生活，其他任何发明都比不上它们给人类生活带来的剧变。就拿这本书为例，三十多年前写书的方式与如今完全不同，其劳动强度更大。文稿需要一笔一画手写，要改写几次，然后才将文章交给折磨文学的磨人机器——打字机。

如果你年龄较大用过打字机，你可能会觉得它们可爱，满怀怀旧之情。打字机存在某些实在的东西。回车行干脆的敲击声，压纸卷轴转动几个凹口时的嗡嗡声，都是令人愉快的音调。至少打字机不会中病毒崩溃，又不会每隔几年就要购买昂贵的新软件。但是，这类怀旧的美好情感之所以能存在，是因为人们很容易忘记出错和修改的痛苦过程。错误太多的话，只能整页整页地丢掉，辛苦全白费了，更别提修改液、文字输出凌乱、纸上每个字母都有凹痕以及艰难打字时的机械痛苦了。

打字机并不是唯一耗时耗力的事物。写一本书的材料可能得专门去图书馆花几个月时间研究。如今许多研究都可以实现在线阅读——杂志和科学论文的电子档案获取尤其容易。而基于网络的图书目录可以帮助你阅览你想要的书目，而不需要像以前那样走上几百里路才行。更重要的是，目前有许多项目正在将大学图书馆的数百万册书数字化，今后它们可在线直接获取。图书馆对作家而言仍是必不可少的，但获取图书的方法耗时可以更少，效率可以更高。

计算机出现之前，即使打字稿完成后仍然可能出现其他问题。一旦文稿提交并编辑（如果唯一的复本没有因邮递遗失），就需要有人重新将所有信息输入到打字机，这样一来，文稿中难免会带入新的错误。这个过程还会继续循环。

信息技术改变的不仅仅是这些。我的生活用品能直接通过网络从超市订购送货上门，书也是在亚马逊上购买。我无须离开书桌一步，就可以知道当地电影院正在上映的影片，查询航空时刻表，订购机票和酒店房间，然后搜索目的地的地图。我可以收到地球另一端某人回复的电子邮件，耗时远远少于我写一封信并邮寄的时间。这一切是如此普通、平常，真的很难意识到计算机和无线电通讯对我们日常生活的改变多么巨大。

想要了解这个过程是如何开始，并欣赏量子纠缠使计算机发生改变的重要平行发展，我们要追溯到维多利亚时代。在19世纪，人们不必经常性的大量收集数据。曾经有过一些一次性的数据收集，如1086年的《末日审判书》（*Domesday Book*）［译者注：英王威廉一世（征服者）下令进行的全国土地调查情况汇编。目的在于了解王田及国王的直接封臣的地产情况，以便收取租税，加强财政管理，并确定封臣的封建义务。1086年由国王指定的教俗封建主在全境进行广泛的土地调查。把全国划分为7—8个区，每个区包括若干郡。按郡、百户区、村的系统了解情况。调查内容包括当地地产归属情况，每个庄园的面积、工具和牲畜数量，各类农民人数，以及草地、牧场、森林、鱼塘的面积，该地产的价值等。调查结果汇总整理，编订成册，称《末日审判书》，意指它所记录的情况不容否认，犹如末日审判一样］，提供了征服者威廉的新英国版图中村镇居民和财富的资料概略，但是这些行动花费大，历时数年才完成。

若没有详细的信息，现代政府和商业无法运行。随着人们对事实的追求增加，那些处理数字的人承受的压力越来越大。银行业务越来越复杂。工作从乡村小作坊经营向大公司转变需要更复杂的数据处理，而且政府已经习惯数据统计（尤其是有关人口数据收集），其中最著名的是人口普查。人口普查的想法源于罗马，而美国自1790年，英国自1801年起，每10年都进行一次现代意义的人口普查。

人们越来越要求制定详细的数字表——例如，直到20世纪60年代末才用于日常大型乘数运算的对数，或安全航行所需要的数据，都需要冗长的计算。

当时唯一可以利用的是纸和笔，因此需要一大群职员（或人们常称呼的"计算员"）辛勤地进行计算。这种方法不仅速度慢，而且容易出错，错误还通常难以发现。

查尔斯·巴贝奇（Charles Babbage）具有远见卓识，他意识到一定可以采用其他方法来处理重复计算。巴贝奇生于1791年，从父亲（一位金器商和银行家）那里继承了遗产，因此他都可以做一名艺术爱好者度过余生。当然，巴贝奇在他的时代是社交圈中的焦点人物，他的许多工作似乎都只是炫耀他能力的手段，目的不过是给当时盛行的晚会上的富人和名人留下深刻印象罢了。但是巴贝奇聪明，受过良好教育，他深刻意识到手动计算的实际限制。

19世纪20年代，巴贝奇首先想到了自动计算这个主意。当时工业革命正开展得如火如荼。机器已经代替了许多手工劳动，不管是将水抽出矿井，还是操作织布机的复杂结构，机器都能完成；而在将机械辅助引入计算世界方面，织布机作出了重要的贡献。

巴贝奇的灵感可追溯到1821年的夏天，当时他正在帮朋友——天文学家约翰·赫歇耳（John Herschel）［发现天王星的著名人士威廉·赫歇耳（William Herschel）之子］——检查一系列天文表。经过费力计算那些叫人身心俱疲的数字组合后，他们眼睛都快成斜视了；据说巴贝奇当时大喊道："我的天，赫歇耳！我多希望可以用蒸汽执行这些计算啊！"

不久之后，巴贝奇设计了一台名为"差分机"的机器，它可以机械地进行重复运算。差分机围绕一种复杂的齿轮装置建造，只要在刻度盘上输入一系列数字，就可以在机器上开始计算。一旦确定了初始值，转动曲柄（如果机器真的很大，巴贝奇曾希望在这个环节利用蒸汽动力），敲击另一列刻度盘后就可以得出最终答案。巴贝奇制造出了部分设计——发动机部分的工作模型，却永远没有完成整套装置，因为他已经想到了其他更大更灵活的设计。

差分机是20世纪60年代前办公室和工厂使用的机械计算机的前身。不要小觑了这些计算机的价值。没有它们，原子弹项目也不可能顺利开展；但是，机械计算机速度缓慢，严重受限。它们并不是现代意义上的计算机——差分机也不是。在机械计算机中，机器与主导操作的硬件如何分离不受某一程序控制，所有东西都是"硬编码"到装置的物理结构中。所有的数据必须直接输入到一组齿轮上，并从其他地方读取。机械计算机不是具有真正计算机的灵活性的通用机械。

巴贝奇从差分机抽身出来，投入到某种更好的事物上去。事实证明这对英国政府而言是一次巨大的挫败。政府投入了1.7万英镑（按现在的价值算约合150万英镑）到差分机的开发上。英国当时可是真正统治了海洋的国家，十分依赖准确导航，英国社会对数据处理的需求迅速发展，以应对其日益扩张的世界帝国。因此，这种机械计算器对英国价值重大。英国需要投资差分机，可巴贝奇把它放在了一边，仿佛扔掉一个玩具。然后，它就沦为一个仅仅完成了约七分之一的工作模型。

巴贝奇对未来计算的新洞察力受到卑微纺织工手下的织布机启发。将图案织进布中——尤其是采用昂贵、超细的丝线一直是非常缓慢的痛苦的过程。两名织工一整天时间只能织出一英寸（约2.54厘米）材料是司空见惯的事。法国人是欧洲精通丝线编织的大师，他们第一个想到了将这种纺织过程自动化。最早的主意来自雅克·德·沃坎逊（Jacques de Vaucanson），18世纪40年代他是法国政府工厂的一名质检员。他设想采用与巨大音乐盒相似的一种装置，控制进入织布机的丝线。在控制器内，纺织时金属圆筒会缓慢旋转；圆筒沿其曲面的长度设置有金属突出物，移动每根丝线的控制就如同音乐盒上的突出物拉动金属钟一样。

与手动控制织机相比，设想中的控制器明显向前迈进了一步，但是这种装置依然存在局限性。每种图案都要求制作一个价格昂贵的圆筒，而且图案只能运行到圆筒周长允许的长度，一旦超过这个长度，它将回到起点，并开始重复。到1804年，在德·沃坎逊的机械控制织布机流行起来前，约瑟夫·玛丽·杰卡德（Joseph-Marie Jacquard）的革命性设计认为其想法陈旧过时，已将其淘汰出局。约瑟夫·玛丽·杰卡德是著名织匠的儿子，却游手好闲，整天无所事事。

在这之前，杰卡德普遍被人们认作一个废物，不论是织布机还是机械装置，他都没有兴趣。可是他的新织布机不但改变了织布工业，还改变了他的命运。杰卡德的想法是在织布中加入一些灵活性，如同羊皮纸和纸对书写灵活性的贡献。

如果你唯一的写字介质是石板，你在石板上刻写每个字母，那么你的写字数量和写作用途都会广受限制。纸在原则上可以永远保存，并且可在任何地方使用。杰卡德并没有采用德·沃坎逊提出的固定圆筒来控制织布机，他的灵感是利用一系列卡片对图案进行编程，每个卡片打上孔，确定某根丝线是否纳入编织中。卡片按顺序连接在一起（每个卡片采用原设计的材料与前一卡片连接），这样一个接一个的卡片可以编织出无限长度的图案。

杰卡德不是第一个想到用卡片的人。早在1728年，默默无闻的织工范尔康（Falcon）已经想到了在卡片上标注图案，然而他的卡片无法真正控制织布机。人们必须紧靠织布机用手将它们抓住——它们是用于手工纺织的图案，而不是自动控制的图案。但是，杰卡德的想法将改变织布行业。采用杰卡德的织布机，一天能织出的材料不是一英寸，而是整整两英尺，生产率提高了2 300%，而且织出的图案可以比任何手工图案复杂得多。

到底可以织出多么复杂的图案呢？巴贝奇常常在他的社交晚会上，用他心爱的织布机对此进行演示：表面上看起来刻画的是工作中的杰拉德，但是这幅图实际是由2.4万根丝线编织而成，是一幅异常精美的肖像；而且令巴贝奇印象深刻的不仅仅是杰卡德织机的编织能力。他丰富的想象力意识到相同的原理可以用在一种全新的不可思议的复杂计算机上，用于输入数据和程序。他将这种概念装置称为分析机。

巴贝奇在制造分析机上并没有走多远——受当时的机械精度限制，建造这种分析机并不实际——但他的确在机械计算机的概念设计方面付出了诸多努力，甚至提出了现代计算机的发展思路，如将处理器和存储器分开等。如果巴贝奇当时不是一个大男子主义者，在分析机的开发过程中，他本可以从一位年轻女人那里获得更多帮助——这个女人常常被认为是首名计算机程序员。

艾达·拜伦（Ada Byron）是伟大浪漫主义诗人拜伦的女儿。1843年，27岁的艾达发表了一篇有关巴贝奇的工作的论文译文（译文为法语），该论文作者是意大利科学家梅纳布雷亚·费德里科·路易吉（Luigi Federico Menabrea）。艾达长期以来十分痴迷巴贝奇及其工作。首次遇到巴贝奇时，她只有17岁，立即被他的热情迷住了。两个人甚至到了谈婚论嫁的地步，但是艾达的母亲决定要她嫁给贵族，因此1835年，艾达嫁给了威廉·金勋爵（Lord William King）。1838年，威廉·金勋爵成为洛夫莱斯伯爵（Earl of Lovelace），而艾达也正式成为艾达·奥左斯特·艾达·金·洛夫莱斯伯爵夫人（Ada Augusta Ada King, Countess of Lovelace）。

艾达·金（通常被人们误称的艾达·洛夫莱斯）的魅力引起了现代人对她的兴趣。有人拍摄了一部关于她的纪录片，还有一种程序语言以她的名字命名。这些对艾达特殊作用的认同是她翻译梅纳布雷亚（Menabrea）论文的结果——或更准确地说，是她对这篇论文所做的一系列注释的结果。据说她为这种分析机写出了程序——这有点夸张，但那篇超过原论文两倍长的注释，显露了她对分析机重要性及其可能用途的深刻理解。

艾达本来可以给予巴贝奇极大帮助。她并不缺乏才能或热情，但是她接近巴贝奇却被冰冷地拒绝了，这也反映了当时人们普遍对女人的智力抱有极端狭隘的认识。

巴贝奇并没有下面所讲的这个人歧视女性，而讽刺的是，下面提到的这个男人是个不折不扣的大男子主义。巴贝奇很高兴向"女性"展示他的机械玩具和奇妙玩意儿，可他并不期望女人（尤其是艾达）对技术的发展做出什么贡献。他认为她不应该进一步研究计算机的发展。

不管是真实还是设想，根据巴贝奇的分析机我们可以得知，正是打孔卡片本身向前高举着自动计算的火炬，恰好消除最古老的统计学噩梦，即整理人口普查的数据。将打孔卡片真正用于实际计算的人是赫尔曼·霍尔瑞斯（Herman Hollerith）。

霍尔瑞斯1860年生于美国纽约布法罗（Buffalo），他参与了1880年开始的人口普查数据手动处理的环节。过度劳累的职员们埋头于堆积如山的案卷中，整个人口普查工作显然正处于崩溃边缘。需要处理的信息增长迅速，人们担心到1890年下一次人口普查时，系统将崩溃。到时候人们完全可能花上十年以上的时间来处理1890年人口普查收集的信息。等到了1900年，整个系统将在这种混乱的管理模式下崩溃——是时候做些改变了。

霍尔瑞斯熟悉杰卡德织布机，他发现了打孔卡片保存数据的潜力。织布机上的每个卡片都提供了一组信息，代表了一系列数字。一旦数据在卡片上，它就可以在不同的图案中反复利用。如果每行信息都打到卡片上，同样的卡片就可以为处理人口普查数据提供同样的灵活性。接下来需要的就只是一种机械装置，能够根据打孔位置选择卡片。

起初，霍尔瑞斯的装置所做的工作只是将卡片汇集到不同的箱子中，然后手工计算。他想出了一种自动筛选人口普查数据的方法。随着时间的推移，穿孔卡片机也能计算卡片，并将收集的数据制成表格。霍尔瑞斯的穿孔卡片制表机逐渐演变成了机械计算机，之后发展建立了他最初的制表机器公司——国际商业机器公司。后来它的首字母缩写IBM广为人知。

从复杂的制表机发展开始，计算机在20世纪取得了巨大的进步，机械过程首先被真空管代替，然后又被晶体管和集成电路取而代之。电子计算机的发展史非常混乱。如迈克·哈利（Mike Hally）在他的《电脑——计算机时代的曙光故事集》（*Electronic Brains—Stories from the Dawn of the Computer age*）中指出，不可能准确说出最早的计算机是哪一种，在美国和英国的竞争者就有半打，而每一种都实现了某些意义上的"第一"。人们清楚的是，在20世纪40年代和50年代真正可编程的计算机诞生了。这些计算机可以在存储器中保存数据和程序［即冯·诺依曼系统结构：以伟大的美国数学家和理论物理学家约翰·冯·诺依曼（John von Neumann）命名］。

后来，穿孔卡片自身也被电传打字机代替，之后是视觉显示器（虽然现在仍有许多人采用带有"霍尔瑞斯字符串"的穿孔卡片计算）。但是计算机已经有了坚实的基础，能变得越来越快，且功能得到改善。虽然现代计算机与巴贝奇的分析机并没有直接联系，但毫无疑问计算机正是那个非凡想法孕育出的孩子。

计算机变得如此强大，人们会很容易误以为只要提供足够的时间和合适的硬件、软件，计算机的能力就是无限的。戴维·哈雷尔（David Harel）在他《有限的计算机》（*Computers Ltd*）一书中援引了《时代》杂志1984年的一篇文章，称采用适合的软件，计算机可以完成你要它做的所有工作。作者声称，特定的机器可能存在局限性，但是软件的能力是无限的。可悲的是，他完全错了。

第一，计算机硬件不仅仅是"可能存在局限性"的问题，而是将会出现某个导致计算机再难继续进步的点！多年来，微处理器遵循的是称为摩尔定律的经验法则。摩尔定律声称计算机芯片上晶体管的数量将定期翻倍。这是英特尔创始人戈登·摩尔（Gordon Moore）(后来成为仙童半导体公司研发负责人）于1965年仅仅根据几年的数据得出的，他认为，晶体管的数量——计算机能力的衡量标准，每年都要翻番。摩尔后来将他预测的计算机晶体管数量翻番频率修订为每两年一次。四十年来，实际情况一直维持在这两种预测之间。

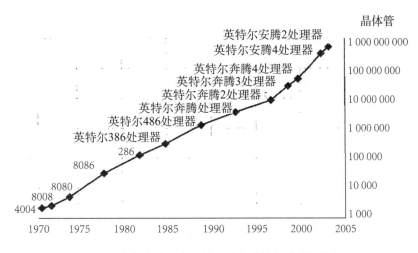

图6.1　摩尔定律的实际情况（由英特尔公司提供）

然而，物理极限将阻止这种稳定的进步继续下去。速度增加包括微型化增加，同时物理学表明，超越这个微型化的极限既不现实，也不可能存在。在某个时刻，计算架构将必须一次处理单个电子，超过这一点就不可能变得更小。这并不意味着处理器的能力在许多年内会停止增长（在写这本书的2005年，英特尔预测，在必须作出重要的改变之前，我们还有15年以上的时间）。事实已证明生产商都十分聪明，他们找到不同的方法把更多东西塞进了相同的空间，或改变芯片的拓扑结构，这样就可以取得更多空间，例如通过垂直以及水平方向拓展结构——不过最终还是会达到极限。

而且，更糟糕的是，计算机上运行的软件本身是有限的。早在20世纪30年代，艾伦·图灵证明了有些问题计算机永远也无法解决（艾伦·图灵是战时布莱切利公园中心的数学天才，他破解了德国恩尼格玛密码机的秘密）。而且，有许多问题虽然在理论上有解，但即便是最好的计算机要获得答案，也要耗上比整个宇宙生命还长的时间。

回到20世纪70年代，人们认为并行处理可以发现传统计算机的局限性。并行处理不是通过一台计算机处理器进行计算，它的概念是并行的机器将同时进行数千或数百万计算。虽然这类并行处理器经常用于专业领域（尽管罕有它们最初想象的规模），它们仍然不具有足够的额外能力，余下时间用来成功处理传统计算机中存在的大量问题。并行处理器永远都不可能进入主流，绝大部分原因是因为人类已证明它很难普及。

将通用计算机应用分散给各处理器十分吃力，耗费了太多功率。想真正有效地利用并行处理器，必需专门编写适合问题的编码。我们习惯采用通用操作系统，如Windows,Linux或Mac OS等会按我们要求接受指令的系统——不管是浏览网络或进行复杂的数学计算——都把它们交给计算机硬件处理。

利用并行计算机的任务在各处理器之间的分配方式取决于问题，因此很难提供通用操作系统。然而，人们已经证明，根据问题调整系统操作的方式必须是灵活的，但这对灵活的商业应用没什么好处。虽然商业并行平台存在，如游戏站3（Play Station 3）中IBM/索尼/东芝的细胞芯片，但它们只能加速简单的重复行为。这种芯片不能提供足够多的数量级变化，以应对真正庞大的计算问题。

然而，传统并行处理并不是唯一解决传统计算机数学局限性的方案。长期以来，人们似乎憧憬着（似乎不切实际）计算机科学家能够利用量子世界的独特性来推动发明新一代计算机。早在1979年，美国研究员保罗·贝尼奥夫（Paul Benioff）就建议采用原子的自旋性质来模拟传统计算机。但是我们已在前文中遇到了提出量子计算机概念的人：著名的理查德·费曼。

1981年，费曼在提出这个概念时，已经是物理世界的元老级人物了。费曼是最初原子弹研究小组的创始成员，并由于在量子电动力学方面的成就获得了诺贝尔奖。他有一个习惯，即偶尔涉猎不同领域并迅速做出具有影响力的贡献，即使他本人也许对那个主题从未显露出任何多余的兴趣。1959年，正是费曼第一个想到了细小的自我复制机器——纳米技术。1986年，又是费曼戏剧般地在"挑战者"号灾难的调查中，证明了事故的原因是橡胶O形环在冷却时失去了弹性。费曼很有表演欲，他在电视台摄影机前，把一个小O形环浸到别人给他喝的一杯冰水中。

他对量子计算的贡献也同样离奇。63岁的费曼受邀在MIT（麻省理工学院的简称）关于物理和计算的会议上发表一篇主题演讲。他的演讲名为"计算机模拟物理学"，后来写成了一篇论文，并以"作为物理系统的计算机"标题在《统计物理学》（*Journal of Statistical Physics*）上发表。他在文中提出了令人吃惊的挑战。计算机长期用于制造现实的近似模型，不管是用于控制汽车制造装置的排队模型还是天气预报员用的复数模型。但费曼建议计算机能做的不止这些——它完全可以塑造实体世界（至少塑造部分实体世界）。

做到这一点的问题是，在基本水平上，世界在量子原理上运行，而量子论却取决于概率论结构。传统计算机不理解随机性——它们是"确定性的"，是牛顿宇宙的精确确定性，而非量子论的统计学预测。如果一台计算机遵循一组特殊的指令，则会反复发生同样的事情。这通常是一件好事。不过，如果每次你启动文字处理软件，弹出完全随机的控制集，启动一种同样随机的活动，这就没什么帮助了。

如果你在一个电子数据表中输入两个同样的数字，每次却得到不同的值，这完全不值得欢欣鼓舞。不过，如果计算机要准确地反映量子世界，超越传统计算的能力，真正的随机性是必需的。

如果你做过编程，甚至使用过相当复杂的电子表格，也许现在你会发现我遗漏了某些东西。从Basic开始的每种程序语言都为程序员提供了随机的数字模块，提供的刚好是量子模拟正在寻找的东西。例如，根据帮助系统，我的Excel电子表格有一个名为RAND的函数，它能返回一个大于或等于0或小于1的平均分布随机数。工作表每次计算时，都返回一个新的随机数。输入一个合适的代码位，就会弹出一个随机数。那么，问题在哪里？

问题在于，虽然这种设施对抽奖，或按随机顺序显示一系列相片有用，可它不足以制作量子现实性模型。这是因为编写程序语言的人欺骗了你。那种随机函数并不处理真正的随机数——它会产生伪随机数。

一般来说，随机数发生器是这样运行的：通过快速改变"种子"值（比如以1900年1月1日午夜过去的秒数为例），并将它插入一个公式，得到与随机效应非常类似的波动的结果。如果你在一排中使用同样的起始点两次，你将会得到完全相同的结果——这个发生器并不是真正随机的。（发生器私下里通常自动从计算机时钟得到这个种子，从而掩盖这个起始点的活动）。

它并没有通过非常复杂的计算来得出近似随机方式的结果。简单地说，伪随机数发生器可以是这样的：

下一数值=（1366 × 前一数值 + 150 899）模数714 025

此处的"模数"部分指的只是此种情况下输出的结果：任何将（1 366 × 前一数值 + 150 899）除以714025后剩下的余数。这可能就是电脑软件使用的技术，虽然现在已经有更好的算法，包括松本真（Makoto Matsumoto）和西村拓士（Takuji Nishimura）1996年提出的名字很有趣的马其赛特旋转法（Mersenne Twister）。但是，不管传统计算机采用的是哪种方法，它都不是真正随机的。

在1981年的演讲中，费曼讨论了通过将计算机本身的工作建立在量子力学基础上，来适当模拟量子效应计算机的可能性。正如在20世纪30年代艾伦·图灵描述的一种万能计算机，它可以胜任所有普通计算机做的一切（虽然通常非常缓慢）。费曼推测可以制造一台万能量子计算机，能完美地模拟量子系统。传统计算机并不具备适当模拟量子系统的能力，但费曼辩解道，在量子系统基础上制造计算机，将使其本质上能够模拟量子系统，因为它已是一个量子系统。

这种万能概念不管是否可以真正成为现实（图灵的万能机器并不是实际的计算机，因此，为什么费曼的万能量子机器能实现呢？这没道理啊），理查德·费曼已经点燃了在计算机核心区域使用量子效应的热情。

费曼本人从来没真正采取过行动研究量子计算机可以完成到哪一步。然而，费曼的想法帮助了其他人考虑利用量子计算机实现传统计算机不可能完成的目标。

在这里需要澄清一个可能令人迷惑的原因。"传统"电子计算机——就是放在你桌上的普通箱子——已经利用了量子力学来工作，因此，有什么值得大惊小怪呢？毕竟量子论与电子混到了一起。正如我们看到的，当穿孔卡片读出器使用电气开关和电路来操作并读出穿孔卡片时，计算机是机械的，也是电子—机械式的。

后来真空管出现了（在大不列颠被称为电子管。译者注：原文"valve"是"真空管，电子管"的意思，此处为了区别，选用"电子管"）。这些是真正最早的电子装置。任何计算机的核心，都是一系列开关和流量的控制。为了用电进行计算，一个电路必须接通另一个电路——就是真空所做的事。真空管内是一种像圆柱形玻璃灯泡、高1英寸（2.54厘米）至1英尺（30.48厘米）的装置。管内流过真空的电子携带电流，填满整个管。

在初始版本中，有一根加热的灯丝放出电子，二极管和真空管下游的金属板都被吸引住。由于那块板并没有加热，它无法喷出电子，因此电流是单向的。在更复杂的三极管中（相当于晶体管的真空管），一个电路能控制另一个电流更强大、能接通或放大信号的电路。真空管的这一重要能力是该排装置可以构成计算的基本逻辑。

真空管很好，除了它们不稳定且变化无常外。它们的玻璃外壳很脆弱，用于产生电子携带电流的加热器会像灯泡一样被烧掉；而且真空管内的真空本身可引发问题。詹姆斯·布利什（第五章中谈到的小说《嘟嘟》的作者）写了另一短篇小说，故事中写到发射探测器去探索木星的大气。

布利什写道，这些探测器不能携带电子（也就是说真空管），因为木星的大气压力非常高，以至于里面压力低得多的脆弱管将会爆裂。

布利什的时间安排非常糟糕，因为这个故事发表一两年后，晶体管走上了历史舞台。晶体管是固体元件，不需要内部充满危险低压的脆弱玻璃管，它在木星的大气中不会有任何问题。

开发晶体管、克服真空管脆弱性的关键是在一种称为半导体的晶体混合片中发现的。在电的世界里，大多数物质是导体或绝缘体。导体有许多电子在材料中闲荡，从一处自由移动到另一处，使电流能够通过（最明显的例子是金属）；绝缘体，或非导体，如塑料、玻璃、陶瓷等，它们的电子被紧紧束缚在一个地方，缺乏四处漫游的自由。

玻璃可能是一种良好的绝缘体，但是制造玻璃的主要元素——硅，在其原始形式时具有完全不同的性质。它处于导体和绝缘体之间，是一种半导体。这并不是说它能够传导一点电流。有趣的是，它有时能够传导电流，有时又是绝缘的，无法传导电流。导不导电，这取决于许多因素。

阻止玻璃这类半导体成为另一种绝缘体的主要成分是它携带的分散杂质。这些杂质是其他元素的微小碎片——在早期的半导体中，大多数是硼或砷，碎片带入了多余的自由电子（或电子能够前往被称为"洞"的间隙）。

固态元件的最简单形式是固态二极管，它有一部分故意加入杂质，用来增加自由电子含量（加入杂质的过程被称为"掺杂"）和洞的比例。如果对自由电子侧施加电流，电将流向"有洞的"一侧，但是，反转电流方向则不会有任何现象发生，因为洞已经填满，并停止了传导。

这种二极管由贝尔实验室的拉塞尔·奥尔（Russell Ohl）于20世纪40年代初开发。几乎是出于偶然原因，当时半导体的应用已经有一阵子了。人们已经发现使细金属丝（通常是钨，灯泡中灯丝最常用的材料）跨过晶体，如方铅矿（硫化铅）或黄铁矿的表面，有可能获得无线电信号。这些原始无线电接收器因其细钨丝的外观而被称为"猫须装置"（他们从来没有使用过真正的猫须）。奥尔从一系列猫须装置开始，逐渐改造部件，直到他得到了固态二极管。

到20世纪40年代中期，奥尔已经竭尽所能，研制工作由贝尔实验室的另外两名研究人员——实验家沃尔特·布拉顿（Walter Brattain）和理论学家约翰·巴丁（John Bardeen）接替。1947年圣诞节，他们已经可以展示与真空三极管类似的早期固态元件了。

在展示现场的人员中，即使是最没有商业头脑的人都能意识到，这种元件将会成为世界一流产品，它只需要一个合适好记的名字。两位研究员漫不经心地取名笨拙的"表面装置放大器"，甚至是"微小的真空管（iotatron）"，直到后来布拉顿和巴丁的同事约翰·皮尔斯（John Pierce）认为，开关电流的实质原理可以按前后颠倒的方式视为转移电阻（电阻具有拦截电流的能力），所以它最终取名为晶体管。

此处令人吃惊的并不仅是单个元件的能力，还有它可能拓展基本固态和二极管半导体电子的方式：首先进入晶体管，在晶体管内通过施加电场改变半导体的导电性，然后进入集成电路。在集成电路中，成套晶体管和二极管能蚀刻在硅片的表面。

半导体芯片中的作用是在量子层面发生的。可论证的是真空管甚至也是量子装置，因为它们利用了电子；但是基于半导体的固态器件得依赖量子效应的独特性来发挥作用。暴露在光中时，某些半导体甚至会改变它们的传导性，引入量子动力学，并使光敏器像数码相机一样成为可能。

实际上，固态电子学一登上舞台，量子物理学就已经混合成为其中一部分了。没有量子效应，晶体管和微芯片将不会存在；但是要进一步跨越到新一代计算机，还需要大胆的想象。基本粒子——光子、原子或分子状态的实现——可作为计算机核心的二进制数字。

人们追求越来越小的微芯片，或许不可避免会提出计算机在单个量子粒子层面上工作，因为我们到最后已经没有别的选择了。不过，第一个想到这种计算机的是富有开创精神的英国物理学家戴维·多伊奇（David Deutsch）。这种计算机不仅比传统计算机体型小、速度快，而且能够实现其他计算机无法完成的操作。在对量子论"多世界"诠释的热心支持中（实际上是近乎狂热的支持），多伊奇已经小有名气。"多世界"首先由普林斯顿研究生休·埃弗莱特三世（Hugh Everett Ⅲ）于1957年提出。

我们已经见识过，多世界理论诠释了量子世界的所有特性，它认为每次出现的任一事物，要么是宇宙对自身进行克隆得到的一个全新复本，反映事件的每个可能，要么存在一种复杂的"多元宇宙"，包括宇宙巨大概率波的所有可能状态。每次有事件发生时，我们经历的现实就在各种状态间变换。戴维·多伊奇仍然是"多世界"诠释的忠实拥趸，他设法想到了一个颇为巧妙却极不实际的方式，来证明多元宇宙是否真正存在。

多伊奇设想制造一台具有自我意识的计算机。这不是古老科幻小说喜欢的内容，不像阿西莫夫（Asimov）《机器管家》（*Bicentennial Man*）中具有人类意识的机器人，而是一种能够观察自己状态的更简单的机器。为了让它行得通，多伊奇认识到这台机器必须是量子计算机，其中的计算元件以量子对象为基础，因为这种计算机必须观察自己的工作；当观察特定的量子状态时，它能评论自己"感觉"怎样。这是传统计算机构架无法实现的要求。

在更普通的量子论诠释中，具有自我意识的计算机只会知道一次测定的结果，但是多元宇宙中，所有结果都会呈现出来，而多伊奇相信计算机能了解每一个结果。这是一个非常微妙的概念。多伊奇如此解释："［计算机］试图观察的是他［sic］自己大脑在不同状态之间出现的干扰现象，换句话说，在相互作用的不同宇宙中，他试图观察头脑内不同内部状态的效应。"

这个古怪的实验能否真正证明多元宇宙的存在呢？对此，多伊奇考虑了基于量子元件的计算机，并于1985年发表了一篇关于真正量子计算机的论文。除了超越理查德·费曼的量子系统宇宙模拟器外，他还证明了量子计算机能完成每台普通计算机能做到的事情。而且，关键是它还可以利用量子世界的独特性来提供普通计算机无法提供的并行操作。

如果传统计算机不使用0位或1位，我们可以利用颗粒的量子状态作为一个位元，让计算机的一部分一次处于多个状态中：一个位元保存的不是0或1，而是两者同时保存。1993年3月底，在伦敦的一次学术会议上，来自俄亥俄（Ohio）乡下地区凯尼恩学院（Kenyon College）的本·舒马赫（Ben Schumacher）为这些量子状态位提出了一个新名称——"量子位"［它听上去像"杆位（cuebit）"］。

如果有某种方法可以将问题载入一系列量子位和一系列诠释结果中去（我们能看到这些都不是简单的任务），我们也许依靠非常少的处理器，就可以同时进行庞大的数字计算。像大型并行处理器，机会在于对每个特殊的要求都必须单独开发操作系统软件，然而运用量子计算机的回报如此丰厚，它是值得的。

也许量子位最初看起来算不上计算机前进过程中非常重要的步骤。量子粒子可以处于两种状态的叠加中，这奇怪的方式使它同时具有两种可能值。

不过如此！普通位可以保存一个数值，因此我们谈论的只不过是让它能力翻倍，不是吗？计算机的这种结果又怎样才能如戴维·多伊奇建议的那样，做到传统计算机无法做到的事情呢？在量子世界中，事情永远都不会像它最初看起来那么简单，此时，复杂性成为了我们的优势。

EPR实验的变换形式采用了引发整个纠缠讨论的光子偏振，以此为例，一旦我们测定光子的偏振，那个偏振（至少在某种意义上而言）就有了具体的方向。如果在同样的方向再次测定偏振，我们将得到它在那个方向偏振的100%一致性。如果我们在上述方向90度的方位测定偏振，我们可以肯定什么也得不到。当然，这之间的测定构成了完全不同的需要我们返回的事物。不过，我们只须考虑我们得到的100%一致性的简单方向。

实际上偏振在特定的平面角度以一则信息、一个方向等方式保存。但是计算机将怎么用位来描述那个角度呢？为了保存信息，我们需要保存十进制小数（如45.33421662…水平顺时针方向的角度）。采用传统位，我们需要一个无限的数字串来准确描述那个方向。然而，所有信息都可以被塞进一个量子位中。你可以说量子位是模拟的而非数字的，但它能保存稳定变化的量，而不是以固定间隔增加的量化值。不仅如此，理论上而言，在测定之前，量子位保存其他范围所有信息，包括你选定的任何角度或其他偏振的概率。

惠普公司的蒂姆·斯皮勒（Tim Spiller）用一个非常实际的形象，来描述带双向选项0或1的传统位和量子位之间的差别。"经典位的图片只有黑或白两种颜色，但量子位却具有你想要的每种色彩。"每一种颜色！不仅是彩虹中的七种颜色，也不只是高分辨率计算机显示器的数百万种颜色，而是整个无限的可能。

对量子位来说，将所有无关紧要的资料保存在量子位中，只是一件小事。我们还需要它完成其他事情。该想法既让人着急又令人丧气，当你添加可以在大量量子位中同时保存的资料时，这就更明显了。要保存异乎寻常大的数值组，只需要数量小得可怜的量子位就能完成。

我正在写这本书的电脑包含256兆字节随机存取存储器——按现代的标准来说少得可怜，却已能胜任大多数工作了。这总共是2 147 483 648位，因为每个字节是8位而非10位，但是每个位只能处于两种可能状态之一。通过对比，仅需500量子位就可以表示比宇宙中原子数量更复杂的详尽数字。如果我们只保存每个数字占256个传统位的约数，相当于在500量子位中保存了32 000兆兆字节信息（一兆兆字节约为万亿字节或1 000千兆字节）。

但是，此处有一个大写的前提——如果你能够利用那种量子信息的话，将信息输入量子计算机或输出量子计算机绝对不是什么简单的事。这个过程通常包括为每个积极使用的量子位捆绑几个量子位，以及利用强大的量子效应，尤其是纠缠。

想知道为什么，只需要想象单个量子位愉快地坐在0或1状态的叠加位置中。如果我们测量它的数值，它总是得出0或1的结果。量子状态将提供得到特殊结果的概率，然而测定只能得出结果0或1。如果我们扩展到蒂姆·斯皮勒的黑白—彩色比喻中来，就会像在古老的黑白电视机上观看世界。我们知道世界是五彩缤纷的，可在屏幕上看到的只有黑白两色。要读出量子计算机的结果，我们必须在这令人灰心的黑白色中窥探彩色。

这也许意味着量子计算机是海市蜃楼——听起来很好，可一旦试图利用它，如同尝试窥探黑白电视机，那里却没什么可利用的。幸运的是，它不是海市蜃楼。利用量子计算机的力量是可能的，也能得出结果——只是没那么简单。应付这种情况最平常的方式是：问题越复杂，答案越简单——也许仅仅是"是"或"否"的选择。我们永远不需要了解实际计算的复杂性（事实上如果不破坏整个过程，我们无法看到详细情况），却能看到结果。在其他情况下，纠缠可能用于将量子计算机不同的部分连接在一起，从而得到更复杂的结果——不过，我们永远都不应该藐视这种挑战存在的困难。

在许多方面，21世纪初期的量子计算机状态和艾达·金100年前设想的机械力学计算机之间存在一种平行。人人都知道我们可以利用量子计算机做许多事情，范围远远超过传统计算机。如果能用上一台真正的量子计算机，我们甚至能知道如何进行其他计算机无法完成的一些计算。只不过，到目前为止，人类还无法制造量子计算机。理论和实践之间充满了戏剧性的矛盾，毫无疑问，许多严谨的科学家对量子计算机的论述要远远多于其他任何不存在的技术。

我们知道，现实中可能实现的最简单目标是将两个能用的信息位塞进一个量子位中，量子计算机科学家为此冠以过于戏剧化的标题——"密集编码"。只要我们能驾驭量子位核心中无限长的数字，这种可能性便不会令人吃惊了。而实际上在100多年前，一位无穷集方面的大师——德国数学家乔治·康托尔（Georg Cantor）已经有力地证明了这个结果。

康托尔是一个天才，但他被这个系统打败了。他本应该是19世纪德国学术界一颗闪耀的流星，却隐身于德国哈勒大学（University of Halle）。如果康托尔是一名音乐家，这倒不坏，因为哈勒大学的音乐久负盛名。遗憾的是，当音乐遇到数学，音乐退居其次了。后来事情变得更糟，因为当时大多数著名杂志禁止康托尔发表文章。虽然康托尔确实有一些奇怪的想法，但这些想法并不会导致他的工作和事业长期受阻。真正的原因是来自他与著名数学家莱奥波德·克罗耐克（Leopold Kronecker）的长期争论。他富有想象力的工作广受批评。

克罗耐克在每一方面都与康托尔这样的独创性思想家不同，可他有强大的政治背景。一开始他其实是康托尔的良师，后来开始反对自己的学生。最初是困惑，直到后来竟开始害怕康托尔关于无限性的设想。克罗耐克只相信整数和整数得出的分数，并不接受"实"数（永远循环且不需要以整数比表示的十进制小数）的存在。然而，康托尔的整个无线方案都是以实数为基础。例如，通过非常简单的证据，他已经证明0和1之间的小数比整数的无限集还多。这个发现说明一种无限大于另一种无限是可能的，而这种可能性正是克罗耐克积极唾弃的想法。

这个结果意义非凡，而证据又惊人地简单，因此我们应该偏离一下主题，去了解康托尔是怎么做到的。

下面的描述比原版本稍微简单点，但是它解释清楚了康托尔思想的力度和简洁性。假设我们决心制作一个表格，表格中我们记下0和1之间的每个数——存在的每个十进制小数。实际上这显然做不到，因为表格可以无限长。不过原则上请这样想象。

如果理论上这张表格可生成，康托尔就可以证明这种数字集的大小和整数集的大小相同。他早期在数学上的主要突破之一如下：如果你能够完成其中一个数集，并将数集中的每个数字与另一个数集中的相当数字成对配置，则可证明这两个数集相同（或者按数学术语来说，它们具有相同的基数）。请将这个配对想象成狗腿与《圣经·启示录》中的骑士相配。即使你不知道两者各有多少，通过一条腿与一个骑士配对，并且到最后没有剩余，就可以知道数集大小相同。

康托尔认识到，如果一张表格能容纳0和1之间的每个小数，那么他就可以在这个表格中一次输入一个数字，并将其与一个整数配对，因此可以证明两个集的大小相同。这似乎是一个显而易见的结果，可是康托尔找到了方法证明该配对永远不可能实现。

想象我们沿随机排列的0和1之间的小数表向上爬。这个很简单，所以我们可以在纸上表示出表格中前几个输入数字。否则，第一个输入数字将是0.000…，一直到无限；第二个输入数字将是0.000…，一直到无限；最后一个数字是1，以此类推——因此，要在一本有限的书中表示这些数字，可以说那是不切实际的。下面是表格开始的几个数字：

0.485 025 298 8···
0.095 382 231 9···
0.777 394 301 5···
0.386 493 220 3···
0.529 893 264 1···

图6.2　康托尔位于0和1之间数字的随机顺序表

一旦得到了这些数字，我们就可以了解到康托尔多么天资聪颖——他能在看起来非常复杂的问题前提出十分简单的解决方法。通过利用第一个数字的第一个小数位虚构了一个新的数字，在第二个数字的第二个小数位又进行数字虚构，就这样一步一步直到填满整个表格。

在这种情况下，数字是0.49749···

然后，他给每个数加上1（1加9等于0），得到一个新的数字0.50850···

现在它变成了一个不同寻常的数字。很明显它不是表中的第一个数字，因为第一个小数位不同。这就是我们定义新数字的方式。它也不是表格中的第二个数字，毕竟第二个小数位不同。同理可在整个表格类推。我们创造了一个表格中不存在的数字。康托尔在各个地方都用这个简单奇妙的证据证明了——即使在原则上也不可能生成一张包含0和1之间每个小数的表格。0和1之间有太多数字，我们无法将它们与整数一一对应，其数量比整数的所有无限性还要多。康托尔证明了0和1之间数字的连续统假设，代表了新的无限性，该无限性比基础的无限性更大。

康托尔利用不需要数字的证据得出这惊人的结果后，就立刻继续在一维之外扩展他的工作。0和1之间的数字可以视为一维线中的所有点，像是一根尺子的数字线，划分出0和1之间的每个数。康托尔想把他的工作延伸到一个平面或一个立面——或任何一个你想要描述的维度结构。我们在学校都学过，平面上确定一个点需要两个数字，即坐标。这两点通常称为笛卡尔坐标，以法国哲学家勒奈·笛卡尔（René Descartes）的名字命名。虽然早在笛卡尔时代之前，人们已经知道在图纸上测定两次能表示一个点的基本概念。康托尔利用这个非同寻常的简单性证明我们所有人一直都被骗了。在一个平面上，你并不需要两个数字来代表一个点（如坐标），一个数字就可以做到。

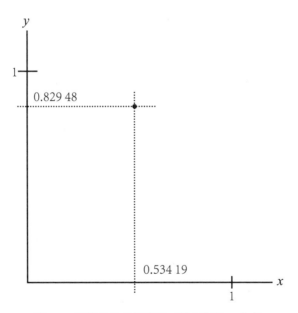

图 6.3　用笛卡儿坐标表示二维空间的一个点

比方说，我们有一个点，在x轴上表示为0.534 19，在y轴上表示为0.829 48（数学中水平轴一般标为x轴表示，垂直轴为y轴，没有什么具体原因）。康托尔证明，这个点可以用一个数字单独表示。将y轴坐标加粗：

0.829 48。现在，我们需要做的是改变两个数字之间的位数，得到一个数字0.583 249 149 8来代替那个点。当然，你可能会说我们被骗了，因为新数字是原来旧数字的两倍长。但是它仍然只是一个实数，而且我们只需要一个数字来表示位置。

即使x和y坐标无限长，我们依旧可以得出一个无限的数字来准确规定数值。由于直接讨论无限性不现实，规定数值可能变得相当复杂。不过以下有一个简化版：如果x坐标是0.333 333…（其中…指的是它一直延续到无限），y坐标是0.777 777…，那么这个数字是0.373 737…

假如存在某种方式可以触及并修改位于量子位核心的无限长数字，量子位携带两位信息就稀松平常了，实际上你想要多少位就可以有多少位。（康托尔的论证工作同样适合三维或n维，只要将不同坐标交错即可）密集编码不能实现这一点，但它的的确确能帮助我们使用大于简单的0或1值的量子能力。实际上，保存足够信息一般要两个位来运行，并提供0、1、2或3的有效选择。

这里涉及的过程有点混乱，但原则上并不算难以遵守，而且它能利用纠缠。我们从两个纠缠光子开始。计算机的一部分想要在一个量子位中发送两位信息获得一个光子，然后将其作为量子位并进行处理。要满足每个要求的不同值，量子位会经历一个稍微不同的操作。为了得到0，不对它进行任何处理；要得到1，就要它穿过一扇量子门；想得到2，让它经过另一个量子门。依此类推。我们一会儿再回到量子门是什么的问题，现在我们只要将它当做一个依赖某种方式改变量子位的特殊黑盒子。

给定一个量子位，你无法读出它经过的是哪一个量子门，也就无法利用它的四种可能值。但是，将量子位的测定和纠缠光子的输入结合，就可能区分量子位经历的状态。虽然测定中使用了两个光子，但是只有一个光子率先被处理，并形成了需要发送到计算机系统周围的量子位，而另一个光子（即纠缠的载体），在要求前是不活跃的。量子位穿过合适的门并派遣到计算机周围之前，它早已被送到其最终目的地了。

密集编码的"买一送一"能力已经证明，它在实践中实现要比理论难得多。当因斯布鲁克大学的一个小组（包括量子纠缠世界中最持久的实验者安东·塞林格）讲一个系统组合在一起，用于证明行动中的密集量子位时，他们发现四种状态中有两种状态无法区分——它们在量子位中得到的并非是四种数值，而是三种。这个数值有时被称为"三进制数位"，以区分它和传统的两位数值。这并不是指实现全部四个数值不可能，可惜目前为止，实验人员一直无法得到最后一个结果。

如果密集编码是量子计算机的总实现，这会成为一个很有趣的主意，却无法震惊世界。然而，目前存在强大到可以编入量子计算机程序的算法（条件是我们仅有一个算法需要编程）。算法能彻底改变我们处理信息的方式。

每一算法都是一件数学工具，用法比名字听上去还简单：它只是在数学上帮助我们得出结果的方法。算法由一组规则组成，该规则能利用某种数据输入并运行，最终得出结果。算法可以是我们小学学会的将两个数字相乘，也可以是某类复杂算法——如航空公司用于确定如何将不同物品塞进货运集装箱中，进而最大程度利用空间的算法。

1996年，贝尔实验室朗讯科技的洛弗·格鲁弗（Lov Grover）想出了一个方法，可以极大加快未排序信息数据库的搜索（这种搜索经常是噩梦般的操作）。他第一次在1996年计算理论年会（ACM）大会上提出该方法时，被在场的人平淡地描述为"数据库搜索快速量子机械算法"，但是格鲁弗后来将这个主题相关的论文发表在一向严谨的《物理评论快报》（*Physics Review Letters*）上，并配以十分幽默的标题——"量子力学助您大海捞针"。

　　这种平静的幽默感是他本人文静说话方式的典型写照。洛弗·格鲁弗出生于印度鲁尔基（Roorkee）（小镇），曾在德里（Delhi）学习如何成为一名电气工程师。移民美国时，他仍然怀揣这个梦想。但在获得斯坦福大学的博士学位后，格鲁弗对物理学更纯粹问题的兴趣变得和工程实用性的兴趣一样浓厚。

　　1994年，格鲁弗加入了贝尔实验室，这是少数几家他可以自由研究量子算法的商业机构之一。格鲁弗接受采访时承认，"我很幸运能在贝尔实验室这样的公司工作。我们一直从事前瞻性的研究，即使在朗讯（贝尔的母公司）经历危机期间也不曾懈怠……前瞻性研究仍然受到重视。也许没有二十年前那么狂热，但依旧是受重视的。"

　　格鲁弗在贝尔实验室听说了量子计算法的概念，而且用他自己的话说："我差不多立即得出了搜索算法。"他认识到，要像谚语"大海捞针"那样搜索，唯一可能轻松建立的是量子计算机。这或许还比大海捞针更现实一点——大海甚至连未分类的数据库结构都没有。试想我们有的是一个巨大衣柜而非大海，衣柜有100万个抽屉，只有一个抽屉内有一根针。我们要怎样找到它呢？由于抽屉完全是随机布置的，要找到这根针，只有一个接一个地打开抽屉。没什么其他更好的方法。最糟糕的情况是，如果真像传奇的墨菲定律所说，事情总是往最坏的情况发展，那么我们可能不得不打开999 999个抽屉后，才能找到那个放针的抽屉。

　　当搜索未排序的数据库时，完全相同的事将会发生——数据库的每个记录对应一个抽屉。保存我们想要的那则信息的记录可能在数据库的任何地方。通常精心建立的计算机数据库包含排序的索引——但是现实世界尚存在许多未排序的数据库。如果你想享受处理未排序数据库的乐趣，就试试在传统纸质电话号码簿中随机抽取一个电话号码，并找到谁拥有这个号码……这毫无趣味可言。而且，除电子搜索的所有奇迹之外，世界上大多数数据并非保存在井然有序的数据库中，相反，它们处于无组织的混乱状态。

这似乎是一个无解的问题。与传统计算机程序的聪明程度无关，它每次还是只能找到数据库中的一个输入，去寻找那根虚拟的针。好吧，你的搜索程序也许比较走运，第一次就找到了合适的记录，可这种概率只有百万分之一。平均而言，计算机要得到答案，必须检查那些输入50万次——最坏的情况是999 999次的数据。但我们所期待的量子世界迥然不同。格鲁弗证明，采用某些巧妙的数学方法，量子计算机只要搜索与数据库大小的平方根相当的一组项目，即可搜索成功。对一个具有100万个项目的数据库来说，只需要1 000次检索就能完成任务——这可比搜索整个数据库少了998 999次。

范围虽宽广，可这方法不仅在搜索传统数据库方面有用。随着我们可以利用越来越丰富却未组织过的信息，采用量子计算机为新一代搜索引擎（Google）提供支持，不仅可以筛选万维网，还能筛选你访问的每个文件及世界上的每一个图书馆，这点相当不错。在2000年，格鲁弗又想出了第二种算法，进一步强调了他工作的中肯性（如果量子计算机制造出来的话）。这第二种算法表明了对现实世界中非常普通的模糊搜索，尤其是以人的记忆为起始点时，量子计算机是怎样提高到这非凡的速度的。

格鲁弗列举了在电话簿中寻找某个人的例子。也许是前几天你碰到的某个人，你记得他的名字是约翰，有一个普通的姓氏，你却无法准确记起这个姓。比如说，你认为他姓史密斯的概率是50%，琼斯的概率是30%，米勒的概率是20%。

你还记得他说从在他的公寓可以看到百老汇，你还注意到他电话号码的最后一个数字与你医生的号码相同。仅凭借这些模糊的信息来处理松散的现实要求已成为典型的开端，格鲁弗的新算法使量子计算机能够以快于任何传统搜索方法的速度得出正确答案。

传统计算机在任何合理时间内都有许多无法完成的问题，但是面对同样的问题，量子算法只要稍加改动，就可以轻易解答。目前，要为大型机构设计一个时间表不可能达到完美，因为必须在复杂的道路网络上找到连接系列目的地的最短路线。对于宣称可以为每次旅行找到最合适线路的软件用户（如微软地图的用户）来说，这也许是一个打击。

为了解决这种问题，像Streets & Trips微软地图这样的程序必须依赖估算。如果你喜欢也可以称它们为高级猜测。这不像听上去那么糟糕，有点像用你的大拇指来估计一块木头的长度。你可以用拇指测量，得到合理的近似结果——实际上你的猜测差不多可以精确到大拇指的长度（条件是木板不太长）。同样且更准确的是，如果提供旅行路线计划的软件采用的方法真的能得出答案（从统计学上来说，有一些路线永远无法找到合适的方向），它们可以显示最佳答案的一定范围。不过这种方案得出的仍是近似的。格鲁弗算法的发展可以使这些恶魔般复杂的问题彻底解决。

人们已经想出了其他量子方法，对付同样耗时却重要的数学问题；这些量子方法最重要之处在于得出了许多大数的因数。快速搜索和分解大数的因数这两种应用之间都存在量子计算的重大希望，即使量子计算依旧有许多未被发现的其他用途。据洛弗·格鲁弗称，"并不是每个人都同意这一点，但是我相信，还有很多量子算法等待着人们去发现。"

尽管对如今的用户来说，量子搜索具有最显著的价值，可是美国电话电报公司的彼得·肖尔（Peter Shor）发现，量子计算机可以极大地加快大数分解成因数的速度，从而使量子计算进入许多计算机科学家的首要议程；但是，他们对量子计算的恐惧多于热情。

彼得·肖尔1959年在纽约出生。获得加利福尼亚理工学院（Caltech）学位和麻省理工学院（MIT）博士学位后，他到了美国电话电报公司（AT&T）贝尔实验室工作。他在传统计算机的算法和概率领域工作了几年。1994年，肖尔想到了一种算法，能够使量子计算机以传统计算机无法匹敌的方式来分解因数，这在计算机科学圈子引发轰动。这正是他们一直希望实现却做不到的事情。

让我们回到本章开头，勇敢地面对一个由因特网连接计算机驱动的崭新世界。在这个世界里，我们都热切地希望获得更多开放信息。如果撰写的每一本书，每一篇学术论文，每一份报纸，以及每一本杂志都可以立即在网上获取，不是很伟大吗？目前有一部分正在实现中。例如，搜索谷歌公司（Google）除搜索引擎外，还打算在大学图书馆的帮助下将数百万本书数字化；同时，越来越多的杂志和文件只需点击几下鼠标就可以在线获取。如果曾经出版的所有东西都可以在线获取的话，那会是多么丰富的资源（也许需要最有效地利用格鲁弗搜索算法的超高速搜索）。

这种公开访问将赋予普通大众通过阅读、比较、核对获得关键信息的超凡能力，然而，这种信息真正自由的想象也有其阴暗面。

你希望每人都获得任何地方的任一则信息吗？未经思索的反应可能是，"是的，我没什么可隐瞒的，因此，为什么别人就有呢？"但是，实际情况却是响亮的"不"。我们在第四章中看到，每个人都有自己的秘密，比如我们的信用卡卡号都想藏起来不被他人看到，比如人们都想要保护的自己作品的版权。要推导出非常大的数字因数很困难，这也阻止了互联网盗版和信息限制，而在这个领域量子计算机刚好比所有传统计算机都快。

每次发送一封加密电子邮件，或输入信用卡卡号，你都会在网络浏览器下方看到一个表明处于安全连接状态的小锁。此时你正使用的是最聪明的保密技术设计方法。如我们在第四章谈到，发送秘密最安全的方式是使用"一次一密"密钥。如果密钥和信息一样长，且密钥中的信息是真正随机的，那么信息就无法被破解。完全不可能破解。

随后，发送密钥本身不会拦截变成了问题——其实这个密钥本身就成为了一个秘密。如果存在一个公共秘密/秘密密钥系统，这个问题就可以解决。在这样的系统中，每个人都知道密钥用于编码信息。因此，它可以在任何地方公开，且每个人都可以使用它隐藏信息内容。

但是，用于解码加密信息的密钥，与公共密钥不同，只有接受方才知道该密钥。这个信息依然是秘密的。

设想我有一种特殊的自密封材料，只能使用某种奇怪的刀子才能切开，而我是唯一拥有这把刀的人，我可以把一堆材料发送给世界上的每个人。如果他们想要给我发送秘密信息，只需要把信息包在那特殊材料中即可。任何人都可以做到，但是只有我有这把刀子，我是唯一能够打开包裹、阅读信息的人。公共密钥就好比是特殊材料，而私钥就是奇怪的刀子。当然，我首先得把特殊材料分发出去，可那算不上什么秘密——所有人都能拥有它——一旦我分发出去，我就可以安全地接收信息。为了将它发回，我们必须进行相反的设置：我利用其他人可以自由获得特殊材料，而那人有他自己独特的奇怪刀子。

作为一种解决方案，这似乎在安全方面大有用途，好像是挥舞着魔杖说出安全咒语，但在1977年，麻省理工学院计算机科学实验室的三名研究员意识到，有一种实用的方法能将魔法变成现实。他们开发了以各自姓名首字母命名的技术，即RSA算法。R是罗纳德·李维斯特（Ron Rivest），S指的是阿迪·萨莫尔（Adi Shamir），A是伦纳德·阿德曼（Leonard Adleman）。这种算法的变化形式成为了现代所有以计算机为基础的高级安全的核心。

顺便插一句，这种算法本应该称为CRSA算法，因为这个方法最初是位于切尔滕纳姆（Cheltenham）英国情报中心政府通讯总部（GHHQ）的克利福德·柯克斯（Clifford Cocks）提出，比他们三人还早三年。可惜，柯克斯为政府工作，政府官员认为这种算法对国家安全非常重要，因此他的发现被当做机密保护起来，直到1997年才公开。但已经迟了，这改变不了RSA算法（也改变不了专利和版税）。

RSA算法过程包括了多种大型计算的多个阶段，可它没有包含任何超出典型台式计算机能力范围的东西。秘密信息的接收人将两个庞大质数（只能被自己和1除的数）相乘，结果甚至可能是更大的数字。将这个结果及第二个随机选择的数字与世界共享，而原来的质数只有接收方知道。秘密信息以实际不可逆的方式加密着这些数字，人们不会知道首先进入方程中的这两个质数。因此，每个人都可以加密，但是只有接收者才能解密阅读信息。

当然，该系统存在一个缺点。它肯定不会像"一次一密"的密钥那么难破解。要破译信息，你只需知道除公共密钥之外哪两个质数相乘得到了公共密钥的较大部分。原则上，RSA密码是可破译的。如果最后采用的数字比较小，破译密码就是小事一桩。比如说，密钥是15，超级计算机花不了多少时间就可以算出质数分别是3和5。

不过，RSA利用的是二进制空间64和4 096位之间的数字。它可以一直继续下去。人们认为4 096位非常安全——请记住，在其进入4 096位后，你可以得到一个比1后面加上1 200个零还大的数字。其中的0就像本书一页上的字母那么多。在他们的研究中，某个时间计算机的速度有多快并不重要；重要的是密钥可以变得足够大，进而经过数千年的计算将其分解成质因数。但是这种假设是基于我们采用传统计算机进行计算。

让我们进入量子计算机。请记得，找出普通计算机梦寐以求的因数是量子计算机已经得到证明的能力之一（假如已经制造出一台量子计算机的话），可这正好成了量子计算机给计算机安全领域带去的一个噩梦。

当然，这种高速因数分解有许多积极应用，而且量子加密术确实能取代RSA式加密术。可是，运行量子算法、破译公共密钥加密的能力，对网络世界影响巨大。

　　面对量子技术给计算机安全造成的隐患，人们最大的问题也许在于：犯罪和受保护的个人之间缺乏对称性。所有迹象表明，量子计算技术昂贵又复杂——至少最初是这样的。因此，不是每个人都可以利用量子技术，而破译加密的能力反而只需要几个人掌握就足以造成大破坏。为了避免这种情况发生，每个用户——我们正在谈论的可能是数十亿用户——将不得不从量子加密术中寻求安全感。虽然与量子计算机相比，量子加密术便宜得多，也更为实际、更普通，但它的应用仍然非比寻常。

　　当然，也有一些好消息出现。阿图尔·埃克特教授提出了基于纠缠的加密术，他认为量子计算机能够提供的东西比目前设想的还要多得多。他举了一个非常简单低级的方法——回到量子计算机的早期概念，即作为能发展超出传统计算机能力的装置。阿尔图指出，计算机是物理对象，就这点而论，它也许可能解决数学上无法处理的问题。

　　埃克特列举了一个简单实例：想象两个分开的房间，每个房间都密封起来，没有窗只有一个简单的门。第一个房间中有三个灯泡，第二个房间里是三个开关，一个开关对应一个灯泡。问题出在人只能进入每个房间一次（一离开门就被关上），然后就回答哪个灯泡对应哪个开关。埃克特觉得不太可能提供一个纯数学的解法，但是物理方法可以搞定这个问题。

　　进入开关所在的房间，将开关1打开5分钟后关闭它。再打开开关2，然后立即进入灯泡所在的房间。与开关2对应的灯泡是亮着的，剩下的两个灯泡中，发热的与开关1连接，不热的与开关3连接。埃克特面对的挑战是找到其他方式——一种量子论和纠缠能够提供的物理方案，而纯数学对此无能为力。

　　不管埃克特引申到"现实世界"的计算是否可能，如果一台量子计算机神秘地出现在计算机科学家桌上，它分解大质因数的能力将可能导致真正的混乱，并改变搜索行业的能力。

至今，"神秘出现"是我们能够立即得到一台量子计算机的唯一方法。能像量子计算机一样运行这些灵活程序的装置目前还不存在。巴贝奇被传统力学局限性打败，而那些想制造量子计算机的人，也像他一样面临着一场对付量子力学复杂性的艰难战争。写该书时，这世上还不存在量子计算机，即使在实验室的受控环境里也没有。但同样的，巴贝奇展示了差分机的一小部分，人们也已经制造出量子计算机的一小部分来；与几年前相比，纠缠的出现使得现在制造真正量子计算机模型更有希望。

我们已经知道，要是密集编码成为可能，纠缠必不可少。如果不利用纠缠，似乎没有任何方法可以制造一台量子计算机。为了知道其中的原因，我们将了解普通计算机如何在理论水平运行，并找到量子位的本质——量子力学不断妨碍计算机基本工作原理的原因。

剥离所有复杂性，远离想象的图形用户界面、操作系统和应用，大多数计算机都可归结为取二进制值——0或1——要么复制它，要么通过"门"输入它。这是一种可能基于位本身数值来改变数值的装置，或者控制另一个位的信息。与门相当的简单物理的实质对应物是儿童的图形匹配。我们可以选择代表不同输入的不同形状，并且试着将它们通过方形洞放入，如果输入是方形，则有东西在另一侧出来（1）；但是如果输入的是其他形状，则没有东西出来（0）。

门在计算机中如何工作真的不重要，它可以是实际物理机械门到电子部件的任何东西，如晶体管。也许最基础有用的门是非门——这只是说："无论在哪里，你看到0，输出1；看到1，输出0。"非门的物理模拟将是一面镜子，利用左手手套作0，右手手套为1。不管你在镜子前放的是哪只手套，它的映像将适合另一只手，就好像它已经通过一个非门。

非门相当于一个简单位，但是大多数更强大的门要求至少一个以上的位作为输入。例如，"与门"综合了两个位的值。如果两个位是1，结果就是1；否则，0和0，0和1或者1和1这三种可能中的每一种，结果都会是0。

量子计算必须研究与传统计算机一样的要求，但它还得处理脆弱的量子位，因此量子门适应的操作更复杂，哪怕是复制一个数值这样最简单的行动也不容易。正如我们后面将看到，这就像生物学的"不可克隆定理"——量子计算机也无法复制一个量子位。然而，关于这一点也有解决的办法。只要你用一种叫做"隐形传送"的方法破坏原对象状态，纠缠确实可能复制量子对象。我们将在下一章谈到隐形传送。

除了因无法复制导致的令人恼怒的复杂性之外（因为许多传统计算机操作认为你可以复制一个数值），量子门还必须比传统计算机门更复杂，因为它们要在多种状态下同时操作。所有非门必须将0切换到1以及将1切换到0。量子门相当的非门——X门，必须取一个量子位，而该量子位存在某一取0值的概率及不同的取1值的概率，并且交换两种概率。管理起来更棘手的要求是交换这两种概率。

听起来虽然很复杂，但是，这种门理论上是可以制造的，而且在密集编码实验中，当量子位经历四种过程之一时，门就已经用于处理量子位（见第146页）。一种过程是"什么都不做"，另一种是X门等。人们已经设计量子门用来完美执行所有量子计算机应该要求的一切，在多数情况下，量子门已经在细微数量的量子位上进行了制造和实验。

量子位的状态是处于——通过门之前或之后——通常由特殊符号表示。要理解纠缠或量子计算机，不必使用这些符号，因此，它们通常不会出现在本书中；但是，如果你想更广泛地了解量子计算机（或量子论的其他方面），就不可避免会碰到它们，所以，它们还是值得简单描述的。比如说，我们有一个量子位，可能处于0或1两种状态。"状态函数"——量子位叠加状态的数学描述，以及如果测量时任何一个值的不同概率——通常是这样表示的：｜0＞表示0态和｜1＞表示1态。

采用这种表示法的优势在于，它使我们明白：我们研究的是描述量子对象状态的某种东西，而不是实际的、固定的0值或1值。当量子位处于｜0＞和｜1＞的综合状态时，它就写为｜0＞+｜1＞；当测定对象时，出现两种状态的概率是50：50，或利用特殊的因数，如a｜0＞+b｜1＞来表示两种结果不同的概率。

这种表示法在普通人眼里非常古怪，却是量子世界的标准表示法，而且放在其原先提出的背景中看待更有意义。英国物理学家保罗·狄拉克（Paul Dirac）提出了这个表示法，并做了许多工作来合理说明量子论，｜任何东西＞项在技术上被称为"右矢"。这是对狄拉克开的一个小玩笑，因为还有一个被称为"左矢"的相对版本，看起来像是：＜任何东西｜。它们两个一起构成了"bra""ket"——一个括号（bracket）。目前这些术语使用得比较少了（术语"bra"用于内衣出现在1936年，在狄拉克第一次使用这个术语后不久，结果导致不经常使用的大学生观众暗笑不已），但是，这些符号本身对从事这些领域研究的人来说非常重要。

量子计算机看起来像是精彩纷呈的光学幻象，它十分确定，以至我们一直致力于得到这个表面上具体的对象，结果它却在我们的眼前消失了。在2006年写这本书的时候，尽管已经出现了许多进展，可是我们离能够制造实际的量子计算机的距离仍有十年乃至二十年之久。但是提出格鲁弗搜索算法的洛弗·格鲁弗是一个乐观主义者。"与十年前相比，现在看起来其可行性要大得多。当时，大多数人认为它只是一种理论结果，没有任何实际实施性。现在的情况却大不一样了。"

这结果令人欢欣鼓舞——可要怎样才能实现量子计算呢？我们得知道，面对组装与电子相当的量子计算的困难以及给量子计算机编程的复杂性，组装量子计算机会比另一种过分夸张、似乎永远都无法实现的技术（如个人火箭背囊或智能机器人）更难吗？

如果它只是另一种可能很好但现实中无法实现的技术理想，那么就不会出现围绕量子计算构建的学术产业——这点饱含争议。我们必须记住，量子计算比这个（也是为什么它如此难以理解的原因）更重要的原因之一是它根本不是一门技术，而是更基础的东西。如迈克尔·尼尔森（Michael Nielsen）和艾萨克·庄（Isaac Chuang）在《量子计算和量子信息》（*Quantum Computation and Quantum Information*）中指出的：

可能有人想摒弃量子计算，将它当做在计算机发展中随着时间消失的另一种技术，如同其他已经消失的一些技术一样。例如，在20世纪80年代被大肆吹嘘为新一代重要存储器的"磁泡存储器"。这是一个错误，毕竟量子计算是信息处理的抽象范例，可能在技术中已经有许多不同的实施措施。

即使不存在量子计算机，人们也已经在量子计算机方面做了大量工作，其原因是量子计算的大多数进展完全与技术分离。这些进展实现的前提是量子论是正确的，因为仍然有少量证据表明它无法与实验一致。量子计算及其好处可以单独用数学和量子力学知识描述。技术上制造一个物理实体也许需要很长时间来完善，但是它终将会到来。

这可能需要10至20年，甚至更悲观的100年时间。但是，人们终将会结束这个探索过程。当可用的技术实实在在出现时，量子计算机将是生产线上准备最充分的发明。

量子计算机制造者面对的挑战非常巨大。这些量子工程师需要建造一系列量子位，并将它们连接起来。首先他们必须将信息放入系统，然后启动计算机的操作，最后输出结果。在量子水平工作时，这些步骤中没有一个不重要。情况有些像你双手被绑在背后，还要在黑暗中去拼复杂的拼图玩具

——相当困难。但是，如果它具有价值——量子计算机当然有价值（与将手绑在身后在黑暗中拼复杂拼图玩具大不相同），就会有人想方设法来完成。

本领域的科学家一次又一次面对着同一个问题，虽然有半打不同的原理来提供量子位，每一种原理都具备实用的特征，但是每一种都有明显的缺点。量子计算机科学家有点像《三只小猪》中试图用稻草建造房子的第一只小猪。设计也许很伟大，建设的地基却存在问题。

不久前出现了第一个明显的问题：设法一次处理单个量子粒子。毕竟量子对象难以置信的小，而且很难固定不动。比如，仅仅是产生光子就不够。打开一盏100瓦灯泡这个简单的行动，每十亿分之一秒将产生大约100 000 000 000个光子——然而，大量产生光子并不是优点，而是问题。想想我们有一台具有数十亿传统位的传统计算机。很好，但是请再想象一下我们无法辨别待定的位，于是它简直就成了灾难。我们要怎样将信息输入或输出呢？同样在量子计算机中，大量的光子并没有什么用处。我们必须能够一次产生、操作和检测单独一个光子。

激光出现之前，上述流程几乎不可能。这也许是早期尝试证明纠缠和贝尔理论时存在的真正问题。我们在阿斯派克特有关贝尔理论的试验中看到，正是激光使得利用单个光子成为可能。激光与普通光源不同，它能够使输出衰减到实际没有的程度，可以产生大多数单个光子。而且现在纠缠中广泛使用的下转换方法通过检测（和破坏）其纠缠光子对，使其可能固定单个光子。当发现光子对时，将门打开，让单个剩余光子对放出，产生可控制的单个光子束。

但是量子计算机不必以光子为基础，原子也可以形成量子位的基本结构。基于原子，1980年华盛顿大学（University of Washington）的汉斯·德梅尔特（Hans Dehmelt）成功地分离了单个钡离子（离子是失去电子或得到多余电子的原子，使其带上电荷）。

　　该离子通过磁场加以固定。离子的正电荷对磁场的反应，与磁铁可以浮在其他磁铁上方的方式相同（虽然离子必须由几种磁场围困，避免它飞走——磁铁被与重力相反的力阻止）。难以置信的是，如果激光颜色恰到好处（不同活性物质产生的激光颜色不同），在照亮单个钡离子时，肉眼可以看到单个钡离子像闪光的针孔一样悬浮在空中。

　　不过我们要先谈谈光子。毕竟对于量子计算机的工程师来说，采用光子作量子位可能是可利用的最简单的选择。此处，光子的偏振，或某个特定的光子数量的相位差（相是光被当做波时光的"上和下"位置中"上"的位置），可以提供信息贮存。

　　光子数量很多，是一种不容易用完的资源；而且光子很稳定，正如我们用肉眼已经看到的：光子从遥远的星球运动到我们这里。在光子被你眼内原子的相互作用破坏之前，它们已经在太空中经历了数百万年的行程。并且，要求操作光子数量的许多门不过是不同分束器的组合（记住，最简单的分束器只是一块玻璃或部分镀银的镜子）。基于光子的计算结果很容易采用光检测器读取。

　　但是简单获取光子和执行光子的某些操作并不是全部内容。光子不可能停留在一个地方，彼此间也无法轻易相互作用。对日常生活来说，缺乏相互作用也没什么大不了。此刻，看看你前面的空气，虽然看不见，但是空气中绝对充满了四处飞动的光子：光照亮了你周围的一切，使你能够看到东西；成百上千的无线电、电视、移动电话信号；无线网络和车库门遥控；来自深层空间的高能电磁射线等。如果光子可以轻易相互作用，将产生无数的碰撞，那些依赖光子的所有东西，从电视广播到你的视觉，将会在乱麻似的相互作用中停止工作，仿佛在一个三维球台上，瞬间有上亿个球从各个方向迅速涌入球台。

　　其他将光子固定在一个地方，使得能够在计算机中利用它们的光子争论问题，可能并不像看起来那么艰难。将一个光子固定在一个地方为什么很难？你考虑一下爱因斯坦是怎样想到狭义相对论的，就会明白这个显而易见的原因。

他认识到人无法跟着光子运动，而由于相对运动，人们也无法令光子停下，因为只有在光速下，磁力与电流相互作用产生的脆弱交集才会起作用。正常状态下，光子无法停止运动。

早期俘获光子的多数想法包括将光子存放在一个小小的反射箱中，这样一来，它虽然仍以光速运动，却只能在极小的受限空间内弹来弹去。但是，最近人们已经证明了可以运用更有效的方法俘获光子。首先得牢记，光速不是真正的常数。人们熟悉的每秒大约186 000英里（约300 000千米）的光速是光在真空中的速度。这个数值是固定的，可只要光穿过物质，光子和周围物质的原子间会发生相互作用，使光的速度减慢。在空气中，它的速度比在太空中稍微慢一点点。在玻璃中，它的速度一路减下来，降低到每秒大约124 000英里（约200 000千米）。而这还只是开始。

1988年，研究人员设法在被称为玻色-爱因斯坦凝聚态（物理学家要想到"光子"或"夸克"这样响亮的名字全靠运气）物质的奇怪形式中，将光子速度减慢到步行速度。这是物质的第五种形态。我们习惯物质的三种形态——固体、液体和气体。自20世纪20年代以来，人们已经知道了物质的第四种形态，该形态是当原子暴露在巨大的能量源（如猛烈的太阳等离子体核反应堆）中时产生的形态。它是气体之外的形态，其中容易失去的电子已经将原子破坏，得到离子汤（即失去某些电子的原子）和电子本身。

物质的四种形态，包括固体、液体、气体和等离子体，与两千年前形成的理论有着惊人的相同。希腊哲学家恩培多克勒（Empedocles）认为，所有事物都是由四种元素组成——土、水、空气和火——每种元素都具有现代物质四种形态的简单相似性。有些古人认为这还不够。四种元素被限制到月

161

球轨道中混合的"月下"区。除此之外，人们还认为应该存在某种更完善的东西，因此第五种形态——被称为"以太"的天体物质出现了。

如果土、水、空气、火与固体、液体、气体和等离子体相匹配，则以太和假设的第五种形态相对应——爱因斯坦在20世纪20年代提出了这观点。而很久以后，人们才在实验室第一次得到这种形态。爱因斯坦的灵感来自印度物理学家萨特延德拉·玻色（Satyendra Bose），后者想出了描述光的新方法——光子像是气体组成。气体毕竟是量子粒子的集合，其行为人们已经有了充分的了解。爱因斯坦在数学方面为玻色提供了支持，同时他也受到这个年轻印度人的观念鼓舞，想象出了物质的第五种形态。爱因斯坦认为，对一种材料施加极低温或巨大压力，它最后能到达一种非普通物质的状态，正相反，它将分享光本身的某些特性。这种物质形态至今被称为玻色-爱因斯坦凝聚态。

该理论提出约80年后，一名在美国工作的丹麦科学家已经使用玻色-爱因斯坦凝聚态完成了令人惊异的光的发展。这位女科学家名叫莉娜·维斯特格德·豪（Lene Vestergaad Hau）。1998年，豪的研究小组进行了一个实验，其中两束激光发射通过含钠原子的容器中心，钠原子已经被冷却形成了玻色-爱因斯坦凝聚态。这种凝聚态通常完全不透明，但是率先"耦合"的激光通过凝聚态形成一类梯状物，第二束可以急剧降速通过该梯状物。

整个过程中第二束光的光子（即"信号"）与凝聚态中的原子发生了纠缠。当光的长脉冲流进凝聚态时，脉冲的前面部分往往受纠缠影响速度减慢，而后面部分却全速向前推进，结果光脉冲受到巨大挤压。2千米（1.25英里）长的脉冲（在时间上依旧是非常短的脉冲，请记住光的运动速度是300 000千米/秒）也许可以压缩到几千分之一米。

在第一次成功的实验中，凝聚态中测定的光速大约是17米（20码）/

秒，是正常光速的二千万分之一。一年之内，豪和她在哈佛大学埃德温·兰德的罗兰科学院（Edwin Land's Rowland Institute for Science）工作的研究小组一起，已经将光速减到每秒一米以下。不管怎样，玻色-爱因斯坦凝聚态并不是正常物质，这种纠缠的光和物质的混合确实是位于非实体光和实体物质之间的某种东西。对这种并不能归类为某物质的奇怪混合物，人们给它起了一个听起来很浪漫的名字——"暗态"。

制造暗态是十分精细的工作。走进豪的实验室，你必须脱鞋，通常还得检查灰尘，以免污染空气，干扰精密的光学系统。在开展实验的桌子周围甚至有一幅塑料帘，主要是防止经过的旁观者干扰。据豪称，一名拜访实验室的德国电视台人员，趁没人注意，在实验设备附近安装了一台烟气发生机。塑料帘就是在该事件发生后挂上的。这位害羞的记者本意是为了看到实验的激光，以增加视觉冲击，否则人们看到的只是一台黯淡无光的设备——没想到这一行为却导致实验暂时失败。

对豪的小组来说，将光速降低远远不够。如果将耦合激光的功率逐渐减小，就如同在该过程中，通过从纠缠的暗态中提出更多的能量，补偿输入的不足，从而进一步减慢光速。

在暗态仍然存在的情况下，如果继续一点一点关小耦合激光，直到它最后熄灭，光线完全静止，陷入纠缠状态中。（这并不违背不确定性原理，因为我们并不知道暗态中单个光子的位置。）重新恢复耦合激光，光开始再次移动。原则上，豪的小组已经建立了一个光子库，在这个库中，光子可以无限期地保存，直到人们需要它。

虽然光子可以这样被驯化，但要让它们互相作用还是存在问题。这也可能借助于暗态。当一个光子与暗态中的一原子纠缠时，它将与原子分享量子信息。如此一来，人们可以有效地将量子位信息从一个光子传输到凝聚态，然后再传输回来。

目前做到这一点很困难，但实验室已经知道了方法。哈佛大学的米哈伊尔·卢金（Mikhail Lukin）和他的同事采用了比豪更复杂的设备——用了不止一个耦合激光夹在暗态能带之间（应该是光正常运动的区域里）。但是，因为它被光速为零的暗态能带围住，这种"正常"光无法出去，只会被困住，虽然还是可以运动，却好像置于一个全部镶上镜子的盒子内。

事情变得有点复杂。被困的、移动的光与它周围的原子相互作用。然而发送另一束光到束缚它的暗态区，结果是被困住的光和新的光子之间发生相互作用。实际上，虽然操作有点难，但这的确使两个光子相互作用。固然，玻色-爱因斯坦凝聚态是一种媒介，效果却是光子彼此间直接相互作用。颇有希望的一点是，这是一种以光为基础的量子位产生计算变化的机制，尽管现在它还是非常复杂精细。它的数据处理并不像光处理那么多。

可是整个暗态光子操作依然没法孕育商业计算——它太脆弱了。不过未来值得憧憬。一般而言，为了固定玻色-爱因斯坦凝聚态，往往需要很重的设备，但在芯片表面上用常备忽略的磁效应作为基础的装置，能够固定一层凝聚态，并且需要的设备或功率不比便携式计算机多。美国空军研究实验室的菲尔·翰莫（Phil Hemmer）在2002年所做的实验已经得出了与豪类似的效应，但他采用固体钇晶体为这个问题提供了实际得多的方案。

在暗态可以利用之前，使光子影响另一个光子的最好办法是利用被称为非线性介质的特殊光学材料，这些材料有很多选择。非线性装置依赖克尔（Kerr）效应。在某些物质中，穿过物质的光子改变了其周围介质的折光指数，从而影响紧跟其后的另一个光子。有很多物质的表现都是这样——甚至普通玻璃或一碗溶了糖的水都有微弱的克尔效应。但是与暗态相比，它存在负面影响。所有克尔介质效率都极低。可以掌握的最好结果是，每通过一个光子，就有五十个光子被该光子通过的介质吸收，这要在能够得到一致的、结果有效的计算机中使用，会很难控制。

如果让光子与另一个光子相互作用有问题，那么使光子和原子相互作用就相对简单一些。它不仅是研究物质结构的所有事物的基础（从我们的角度来看），而且能使相互作用更好理解，并可通过量子电动力学（QED）进行准确描述。

围绕量子相互作用问题，有一种与暗态不同但实际上更简单的方法，即综合一个光共振腔——最简单的光共振腔就是一对部分镀银的平行镜子，一个光子进来，反弹回去，前进一会儿，然后从这里逃走——采用作量子动力学催化剂的单个原子使两个光子相互作用。这仍然不是完美的方案——光共振腔也许会吸收光子，制造计算机结构需要采用几个光共振腔，这是主要原因。但是相比纯光子，它具有某些优势。

如果光子太滑头无法操作，量子位则可依赖更"温驯"的粒子，如原子或离子。2003年，中村松本（Yasunobu Nakamura）和日本电子巨头日本电气公司（NEC）的研究小组采用离子阱成功地纠缠了两个量子位——离子阱利用了强大的电场在真空室中固定离子，其中激光脉冲用于改变离子态。

另一种依赖原子的可靠方法是核磁共振，这项技术在化学和医学中得到了良好发展，并获得商业支持。磁共振成像（MRI）扫描仪用于扫描人体局部器官，利用的就是核磁共振（NMR）——人们认为，"核"这个词病人听了会害怕，因此最终用"磁共振成像"称呼这种医疗设备，好让它听起来不那么吓人。广泛的商业应用使人们慢慢了解这种核磁技术，而且如果设备已经生产好，那么与其他专业技术相比，它还可能是更便宜的选择。

核磁共振依赖测量原子核或分子的磁自旋效应，但这种效应很微弱，只能采用数十亿组原子才能检测到。借助利用多数原子"集合"的方法并非不可行，但这会使区分计算机的不同成分变得更困难——随着量子位的增加，要检测的信号强度呈指数级下降。

我们还是有一些希望。2004年牛津、纽约、蒙特利尔几所大学，仅仅利用一对氢原子核，便证明了核磁量子计算。2005年4月，日本一个研究小组发表了一篇论文，论文的研究对象是虽然基础但功能自主的NMR半导体装置。尽管如此，这些都还是初步阶段。

还有其他可行的量子位方案，比如电荷和磁通量。要找量子计算的解决方案，人们显然还要付出艰辛努力。人们怀着热忱研究的最后一种方法是量子点技术。量子点十分吸引人，因为它们是传统固态电路的引申，不是使用一般的照相法来蚀刻半导体，而是将电路喷到表面上，一次只喷单分子层，正因如此，它们的结构非常精细。

量子点本身是半导体微小的点，它们像量子点一样作用，其中单个电子可以固定可以操作。与目前正在考虑的其他（可能的）量子计算环境一样，量子点有一个缺点。量子态崩溃前，它们只能保持很短时间的量子态——也许是百万分之一秒。从好的方面想，量子点是一种固态，与其他许多技术相比，其制造和使用非常简单。依赖该方式制造一组数百甚至数千个量子位，比目前其他所有方式都简单得多。2004年，德国和日本的研究小组第一次在光子和量子点之间建立了纠缠，提高了使用这种技术建立固态量子计算机的希望。

所有量子计算机研究人员都面对的严峻现实是，仅在极其苛刻的实验室中艰难操作设备是远远不够的。这种技术也许永远无法稳定地出现在桌面上，但是，它至少必须像目前"娇生惯养"的巨形计算机一样稳定，能够在规定的操作时间量程内，承受被称为量子退相干状态的灾难性崩溃。

退相干是量子位（或任何处于量子状态的其他事物）与周围量子对象相互作用并失去它们唯一状态的自然倾向。为了方便，我们尝试想出一个实验（或者一天，一台量子计算机），与其周围环境完全分离。在现实生活中，工作台上的一切到开展实验的物理学家都是由量子对象集合组成。长期而言，我们几乎不可能阻止那些粒子和实验中粒子之间的相互作用对保存量子位的量子状态纯度造成的破坏。

制造量子位的一些早期尝试仅能在几分之一秒内有用，可知采用某些潜在的量子计算机技术来保持量子位计算需要的时间，是一项极富挑战性的工作。我们习惯了计算机保存几乎无限的信息。只要打开电源，传统计算机芯片就会保存它们处理的信息（除非它们被电力尖峰或强大辐射这类电磁能干扰）。量子计算机可能必须使用更棘手的方法，为保持计算机活力，迅速将量子位从一个地方扔到另一个地方。

讽刺的是，阻止退相干的主要武器是纠缠。将信息保存在纠缠的量子位集合中，即使这些量子位因仪器或外部世界的问题而崩溃，信息也不会丢失。好消息则必须加以调节。为了保护量子信息，每个量子位信息都需要更多实际的量子位。存在的量子位越多，就越难将量子计算机组装到一起。

这反映了量子计算机另一个较大的实际问题——可扩展性。少量量子并不能制造一台可执行有用任务的计算机。与传统计算机相比，该计算机不需要大量量子，大多数只需要100个到2 000个量子位。但是，计算机中加入的量子位越多，出现快速退相干的危险就越大，将会带来另外的错误，而令人忧心的速度也会使系统变得不实用。

幸运的是，量子计算机科学家掌握了一些方法，可以防止他们假想的量子计算机出现错误。使用几个量子位来储存一条相当于一个量子位的信息，可以解决部分数据损毁的问题。克隆量子位的状态不太可能，因此，我们不能像使用传统计算机一样，只是保存几个复本并对它们进行比较就行。但是，整个"量子错误修正"领域已经出现一种机制，它可以将多个量子位当作一个量子位来处理掉。

现在的这些技术中，完全可能找不出一项技术能带来"真正的"量子计算机突破。在电子计算机的发展中，想出更好的真空管并不是解决方案——改成固态后，计算机才真正成功了。除此之外，基于真空管的计算机如果具有现代处理器的能力，它能让一个规模不小的小镇全部变得热烘烘的。美国第一台大型电子计算机ENIAC有1.8万根真空管，长80英尺，会释放大量的热气，需要许多冷却设备才能避免被熔化。制造一台与现代100 000 000根晶体管电脑相当的真空管计算机，那是完全不可能的。位于美国洛斯阿拉莫斯（Los Alamos）的美国国家实验室的研究员理查德·休斯（Richard Hughes）评论道："我们仍然处于量子计算机的真空管时代。"也许，是时候采取完全不同的技术来制造量子计算机了。

正如我们已经知道，不管采用哪种技术，制造量子计算机都需要使用以纠缠为基础的被称为"量子隐形传送"的现象，来克服无法复制量子位的问题。隐形传送是所有已确认的纠缠现象中最奇怪的一种，它的结果远远超过更快的计算机，全力进入以前只有科幻小说作家才能独享的领域。

Chapter 7

Mirror, Mirror

第7章　镜子啊镜子

你不能越过自然的常道；因为任何过分的表现都是和演剧的原意相反的，自有戏剧以来，它的目的始终是仿佛要给自然照一面镜子，显示善恶的本来面目，给它的时代看一看它自己演变发展的模型。

——威廉·莎士比亚（William Shakespeare），《哈姆雷特》（*Hamlet*）朱生豪译

我们在上一章中谈到的量子计算机也许最终会成为第一个能够与人脑竞争甚至打败人脑的机器，这种量子计算机的出现带领人类踏上了一条危险之路——制造具有意识的机器。纠缠不仅使这一古老科幻小说青睐的主题成为可能，而且还有望实现另一种幻想——隐形传送。

隐形传送、物质传输、运输者，随便你怎么称呼它们，其概念是指：物理对象不需要在两地之间来回运输，就可以将某种具体的东西从一个地方传送到另一个地方。出于某种原因，我们想取一个物理对象，将其沿切线推动或通过空中传播。诚然，我们可以发送传真，但这只是简单地复制了一份文件的内容罢了，并不是真正的物理复制品。要使真正的隐形传送成为可能，唯一的方法就是准确识别原物质由什么组成，并将其分解成各个组成部

分，然后逐步构建一个与其完全相同的复制品。

这种方法说起来容易，做起来难。请记住不确定性原理。我们一旦开始准确详细地测量一个粒子的某个方面，对于其他参数就越来越不确定。我们可以准确地知道其位置——前提是其质量和速度完全无法确定。我们可以固定其动量，但是，只有在对它的位置毫无头绪时才可行。然而，复制物质就意味着要了解物体中每个粒子的所有情况。这是完全不可能的。

所以，还存在那些惹人厌的模糊的量子状态。关于量子粒子自旋的测量将证明其是向上还是向下，但是，这并不能说明它是处于什么状态，你知道的只是其分解状态。要准确地复制一个粒子，我们需要发现其分解成向上旋转或向下旋转的概率——而与此同时不能打破其叠加状态的微妙平衡。

在20世纪80年代，有两个人给了星际飞船"进取号"（*Enterprise*）上的工程师斯科特（Scott）先生的仿真器最后致命一击，他们就是来自得克萨斯大学奥斯汀分校（University of Texas at Austin）的威廉·伍特斯(William Wootters)和加利福尼亚理工学院的沃奇克·祖瑞克（Wojciech Zurek）。正是他们两位提出了"不可克隆"定理，证明无法克隆——完全复制一个量子粒子。这并不是说克隆粒子很难或是超出了目前的技术水平，而是说，完全准确地复制粒子是根本不可能的。你永远无法用一个粒子得到两个完全相同的粒子。

量子物体无法克隆，这看起来似乎有点奇怪。毕竟，我们可以克隆绵羊，而绵羊本身就是一个庞大和复杂的量子物体集合，那么，为什么我们不能克隆像光子一样简单的东西呢？不幸的是，在"不可克隆"定理这个名称提出伊始，此处的"克隆"描述的就是与人们熟悉的生物过程截然不同的过程。

科学家在克隆一只绵羊（或任何其他生物）时，他们实则是在复制一种"配方"，这种"配方"控制那些构成某个特定生物的复杂化学物质。但即使是在这个层面上，克隆也无法得到绝对相同的绵羊复制品。生物生长时小规模的突变及环境的影响都会改变结果，这就解释了自然的人类克隆，也就是同卵双生并不完全相同的原因。生物克隆不过是像新出炉的同一批甜饼一样，也就是说，他们只是按照近乎一致的配方烤制。

DNA的化学指令无法克隆生物体内的每个量子粒子。从量子角度来看，DNA就好比头脑笨拙、体积庞大的大象，是一种不可能复制单个量子错综复杂的状态的物体。在繁殖中，我们不需要量子级克隆（幸好如此，否则繁殖过程将会失败。）

你可以将量子克隆与生物克隆之间的区别与真实的风景和风景照之间的区别进行对比。如果你想，只要你喜欢，风景照你想印多少就可以印多少，而且，它们还可以有效地克隆另一张。但是，风景本身是无法克隆的，风景是独一无二的。无论你花多大功夫在物理层面上去复制这个风景，也无法让风景中每一株草的叶子、一片云或是空气分子都与原风景一模一样。同样，我们可以"复制"一个动物，但是，我们无法准确、完美地复制一个把量子所处状态的所有细节都包括在内的量子粒子。

尽管这一历史事件并未被太多地记录下来，但是伍特斯和祖瑞克在他们的不可克隆论文里提出了一个新奇的概念。他们当时投了一篇提出光子克隆的论文到一家科学杂志社。这家杂志社把这篇论文交给意大利物理学家吉安卡罗·吉拉尔迪（Giancarlo Ghirardi）审稿，吉拉尔迪建议不予发表。因为，对于他来说，从量子力学的角度来看，克隆显然是不可能的。但是，后来另一名审稿人建议发表，此时，伍特斯和祖瑞克的论文才得以刊发，这篇论文反驳了吉拉尔迪的观点，最终"得到"了吉拉尔迪认为显而易见的重要定理。

然而，他们的论文在克隆限制方面存在一个漏洞。虽然无法得到两个相同的粒子，伍特斯和祖瑞克提出的定理并没有谈到将一个粒子的状态应用到另一个粒子时，会破坏该粒子状态的可能性。也就是说，你也许无法进行一次克隆，但是，伍特斯和祖瑞克的文章对粉碎一个粒子，并把其准确的性质转移到另一个粒子上并没有提出理论上的限制。物理学家在谈论量子隐形传送时，指的就是这个过程。

仅仅存在可能性，并不意味着有些事情就是能实现的——不确定性原理和复杂的量子状态必然会使隐形传送机面临重重困难。然而，纠缠产生的、在量子级别作用的神秘连接，似乎是帮助解决该难题的自然方式，IBM的查尔斯·班奈特（Charles Bennett）在1993年给出的建议的正是这种能够规避困难的方式。

借助惹人喜爱的对称性，班奈特的想法受到上文中提到的威廉·伍特斯的观点的启发。威廉·伍特斯证明了量子状态首先是无法克隆的。在蒙特利尔的吉勒斯·布拉萨德（Gilles Brassard）组织的一次研讨会上，伍特斯发表了关于单独测定粒子和联合测定粒子两者之间不同之处的讲话。在之后的讨论中，班奈特看似随意地插话进来，提出了这种想法：向单独测定的各方提供一对纠缠粒子的一半，看看会对结果产生怎样的影响。吉勒斯·布拉萨德后来评论道："经过两个小时的自由讨论，得出的答案是隐形传送。这个结果简直太出乎意料了。"

班奈特的方案虽然有矛盾，但让人看到了解决问题的前景。由于不确定性原理，将一个粒子隐形传送的唯一方法，即把一个粒子的状态应用到另一个遥远的粒子上的唯一方法取决于你是否能够在不知道粒子真实情况的条件下设法去实现这种应用。安东·塞林格将其称为"非常优雅的技巧"，那就是，纠缠使我们不需要知道粒子的状态，就可以将一个粒子的状态剥离，并将其传送到另一个粒子。如果这看起来似乎自相矛盾，无法解决，我们应该记住，纠缠就是使矛盾成为现实。

此处的技巧是使用两组信息，一组是通过纠缠的神秘量子连接传输，但无法为人识别，另一组是通过人们熟知的传统方式，比如无线电，发送出去。

（需要两组信息，这样可以使隐形传送安全脱离第五章提到的比光还快的纠缠，虽然它并不用于满足时间COPS：这种需要超过了用于传输量子状态的物理要求。）没有人知道纠缠连接的通信内容，因此量子状态没有受到干扰。

如果详细研究，你就会发现量子隐形传送与魔术花样非常相似——你需要在袖子里多放一个粒子。要进行隐形传送，在过程中涉及到的粒子有三个而非两个。我们先从纠缠粒子对开始，将它们中的一个粒子发送到接收站。这可以在隐形传送之前的任何时间、任何日期、任何星期或任何年份完成，只要让纠缠粒子保持完好的纠缠状态。

纠缠连接就位以后，我们就可以拿出第三个粒子，即原来那个我们想要隐形传送的粒子。让这个粒子在发送站与纠缠粒子相互作用，会引起远程纠缠粒子的瞬间变化（但是永远不会直接进行测定）。然后发射站对其粒子进行测量，并将详细情况发送到接收站。到目前为止，由于那些测定，原来的粒子已经失去了使其成为粒子本身的基本特性，其量子身份已经遭到破坏。如果这个粒子是较大整体的一部分，那么物体中的每个粒子都在经历这个过程，物体也就不再是那个物体了。

在接收器一端，第二个纠缠粒子已经被无线电连接发送的信息改变了，而这个信息是已知的。实际上，现在接收器的粒子已经与原来在发射器检查的粒子相同了。这一切听起来晦涩难懂，但是在具体情况下，隐形传送过程相当直接。

例如，如果我们采用两个光子，并使用合适角度的偏振来表示0和1（比如，0是水平，1是垂直），测量光子对偏振的发送器有四种可能结果：00、01、10或11。完成测量之后（并破坏了它原来光子和纠缠光子的状态），发射器将结果发送给接收器。然后通过四个不同的过程之一（最简答的过程是"不做任何事情"，其他过程是不同的量子门，如我们已经在156页谈到的X门），放入因另一端进行的测量而已经发生变化的纠缠光子。结果，接收器处的第二个纠缠光子与原来隐形传送的光子无法进行区分（除位置以外）。

1997年，维也纳的安东·塞林格和他的研究小组，以及罗马的弗朗西斯科·德·马蒂尼（Francesco de Martini）和他的同事，利用三都·波佩斯库（Sandu Popescu）的想法，同时提出这个概念。在实验中，一个光子的偏振被传输到另一个光子。许多物理学家对其成果描述用词谨慎，但也有一些爱出风头的物理学家，他们渴望引人注目——在科学界里，相比沉闷边缘化的氛围，这算得上是件好事……但是塞林格没有放过这次出风头的机会。严谨的科学家会告诉你量子隐形传送与《星际迷航》里的那类传感器并没有什么关系，它只不过是一种涉及单个粒子状态复制的过程。但是，塞林格无法抵挡戏剧性的感觉，他在有关这个实验的论文中表明，他认为量子隐形传送将是某种非常令人激动的事情：

> 只要重新出现在某一遥远地点，隐形传送的梦想就能够成真。采用经典物理学中通过测定来确定的属性，可以对隐形传送的物体的特征进行全面描述。要在远处复制那个物体，人们不需要原来的物体零部件——需要的只是发送扫描的信息，这样，就可以利用这些信息重新构建那个物体。

塞林格认为，虽然规模较小，但这是千真万确的事情。

到2004年，塞林格和他的小组已经实现了较远距离的隐形传送——实际上，他们实现了跨越多瑙河远距离传送纠缠光子的突破。在那一年之后，这个奥地利小组的研究又重新回到了下水道，这次是从多瑙河的一边隐形传送到另一边。［量子纠缠实验人员似乎与下水道系统有着职业方面的联系，与他们竞争的只有公用事业工作者和《魔法奇兵》（Buffy the Vampire

Slayer）。]

隐形传送存在两个"通道"，一个通道携带纠缠粒子，另一个通道传输用于完成隐形传送过程的传统信息。纠缠光子通过沿多瑙河下面的下水道系统敷设的光纤电缆输送，同时，传统信息通过600米（666码）的微波跨河传送。这看起来似乎算不上突破，但是，正如他们在《自然》杂志上发表的论文写到的那样，他们已经"在一段距离内证明了量子隐形传送，并且是在实验室外的真实条件下进行的，具有很高的保真性"。

对那些宣称隐形传送只能在高度控制的实验室条件下进行的批评者来说，这无疑是沉重一击。这个研究小组指出，这种技术也可作为使纠缠在世界任何地方使用的量子中继器的替代办法，因为隐形传送纠缠粒子传送了量子的状态，包括其纠缠状态。

如上所示，即使永远也无法进行"真正的"实际物体的隐形传送，也并不意味着这种技术的发展无足轻重。虽然其形式受限，但隐形传送在使量子计算机成为现实的过程中仍然会发挥巨大作用。正如我们在前一章中看到的，量子计算机依赖量子位，信息通过量子位储存在粒子的量子状态中。这也许功能强大，但是，在计算机内将量子状态安全地从一处传输到另一处，或甚至在两台量子计算机之间进行传输，都会面临重重困难。

如果可以提供纠缠粒子（这是目前相对容易实现的事情），那么隐形传送就意味着，仅用一种传统连接就可以将量子位从一个地方隐形传送到另一个地方。因此，将纠缠光子输送到两个地方的卫星不仅可以为量子加密术提供密钥，还能使两个地方的量子计算机在互联网上交换量子位。

将纠缠的"携带者"粒子从A发送到B，这看起来似乎与传送量子位一样困难，但是它们之间最大的差别就是那些纠缠粒子在到达合适的地方之前并没有携带信息。因此，在现实世界中，沿途不可避免地会丢失一些粒子，我们想发送多少纠缠粒子对就可以发送多少，这样可以确保每个连接端都有粒子供应———旦目标实现，就可以通过隐形传送来发送不能丢失的单个量子位。

从某些方面来讲，我们已经实现的隐形传送物体并不包括过程本身最后的隐形传送部分。在2002年底，丹麦奥尔胡斯大学（University of Aarhus）的尤金·玻尔齐克（Eugene Polzik）及其研究小组设法纠缠了两团铯云———每团云包含数十亿个原子———实际上是一个物体，即使是相当虚幻的物体，也是一个足够大、能够用肉眼看到的物体。这使研究向前迈出了一大步，因为在这个实验开展前，在很大程度上，纠缠被视为某种至多一次只能适用少量量子物体的东西。

在奥尔胡斯大学的实验中，激光脉冲通过两个铯样品进行冲击，推动它们旋转后进入纠缠状态，很像是两个旋转的顶端被同一根鞭子抽打。通过一团云的磁性状态传输到另一团云，这个步骤证明了部分隐形传送是可行的。

我们能够隐形传送有结构的固体———也许甚至是生命吗？即使对单个的粒子来说，这一并非是普通的挑战。迄今为止，隐形传输实验关注的是粒子的单个属性，例如其旋转属性，但是，要真正隐形传送一个粒子，必须将所有的属性分别进行传送。正如教授阿图灵·埃克特说的，这一点"从数学上来讲是可能的，但是在实验室做起来很难！"

然而，2002年，牛津大学的索格图·博斯（Sougato Bose）和加尔各答博斯学院（Bose Institute in Calcutta）的迪潘克·霍姆（Dipankar Home）研究出一种可能的解决办法。如果两个粒子，例如电子，通过分术器发送，两个粒子都可能沿任一路径发送，或者每个粒子沿一条路径发送。（正如我们已经看到的，分术器是一种让一些粒子沿一条路径运动，而另一些粒子沿另一条路径运动的装置，就像半面镀银的镜子。）博斯和霍姆已经从数学的角度证明，当电子对分开时，一个电子朝着一个方向，它们应该会变成纠缠。

原则上，这可以适用于任何经历量子力学"状态叠加"的粒子——实际上同时处于两种状态。

这项发现让人兴奋的地方在于，能够进入叠加状态的不仅仅只有最小的量子粒子，如光子和电子。维也纳的安东·塞林格和他的同事已经证明了有可爱名字的"巴基球"（buckyballs）的叠加。巴基球是由60个原子构成的大型碳分子，形状像微型足球。"巴基球"这个名字是科学家想出的某种比复杂音节集合更好的另一个珍贵实例，是"勃克明斯特富勒烯（buckminsterfullerene）"的缩写，之所以这样称呼，是因为其碳分子的结构与美国工程师、建筑师R.勃克明斯特·富勒（R.Buckminster Fuller）设计的曲线优美的穹顶类似。

但是，巴基球并不代表最大的尺寸极限。塞林格的小组已经实现了更大尺寸的分子叠加，其尺寸与活细菌一般大小。原则上，如果博斯和霍姆的方法行得通的话，它可以适用于纠缠处于叠加状态的任何一个粒子，其中粒子尺寸不大于塞林格的大分子或细菌。

在本书成书的时候，这样的实验还没有开展。虽然塞林格建议也许可以从遗传学角度在细菌周围设计一个防护罩，但在实验要求下（真空、低温等），要使细菌存活有一些实际困难。然而，问题在于，做实验和证明量子效应能够摆脱非常小的粒子的限制并影响我们通常认为是"真实"的和有形的物体并不是同一回事。

要看到活的生物进行隐形传送，不管是多么简单的生物，仍然还有漫长的路要走。这个过程必须从某种类似小晶体的东西开始，然后转向病毒（不是真正的活病毒，而是具有比活生物结构更复杂的病毒），最后是细菌、真正的活生物体。从真正的活生物体到大型生命，如人类，其间跨度甚至更大，可能永远都无法实现。要实现这一突破，还需要更多循序渐进的方法——没有任何方法可以让整个人进入叠加状态——而且人体内分子的纯粹数量似乎也是无法克服的极限。尽管如此，安东·塞林格还是迫切地想使越来越大的物体进入叠加，有人指责他是在开一辆卡车通过一个干涉仪。

这并非是那种听起来荒唐的破坏行为。这种想法并不是真的要将卡车粉碎放入干涉仪之中，破坏干涉仪（干涉仪是一种非常精密的实验室设备，用于测定上文所述叠加实验的干涉）。相反，塞林格的想法是想让一辆卡车同时通过一台仪器的两条不同路径，将它投入到巴基球和其他大分子已经实现的叠加状态。然后，采用一台干涉仪检测其他设备内卡车状态之间的干涉图像。为什么会有如此奇怪的想法呢？

实际上，当塞林格最初提出要开一辆卡车通过干涉仪的整个想法时，他似乎也很困惑，他否认曾经说过这样的话。这种形象生动的想法似乎来自于：在过去有一种争论，认为用像卡车那么大的物体永远不可能看到量子干涉，因为卡车比所有量子物体特征的德布罗意波长要大得多，而塞林格视这种争论为胡说八道，不予理睬。

量子粒子本身的干涉，不管我们是研究电子还是巴基球，通常采用德布罗意波长概念来描述——这个概念是：粒子的表现就像它是一种特殊波长的波，产生与池塘中水的波纹相互作用类似的干涉。然而，塞林格指出，卡车论不适用于这一概念，因为已经证明具有干涉的大分子本身比它们的德布罗意波长要大得多。"我认为我们不会看到卡车的干涉，"塞林格冷冰冰地评论道，"但是，并不是出于这个原因"。

塞林格基本上是正确的，但是，这不能完全否定这种想法：也许有一天可以制造一种隐形传送系统，能够搬运真正的物理对象，甚至是人类。绝对否定是很危险的。毕竟，过去的经验屡次验证了试图预测科学的未来常常会出错。

有时候，在预测未来时，常常过于低估了实际实施的困难，我们预测的是遥远未来的发展方向，或甚至是预测不可能的事会成为现实。例如，看看电影《2001：太空漫游》（*2001：A space Odyssey*）。好看，它是科幻电影，但是阿瑟·克拉克（Arthur C. Clarke）和斯坦利·库布里克（Stamley Kubrick）尽力使电影严格呈现了当时人们认为是可能的科学。这部电影于1968年上映，我们必须记住，1968年距离2001年有三十多年，这段时期的迅速发展是可以与从1929年华尔街的大崩盘至动荡的六十年代时的情况相提并论的。

《2001》中的某些错误是由于事件的普通随机波动引起的，无法预测。例如，用于到达空间站的火箭是由早已消失的泛美航空公司（Pan Amercian World Airway）操作的。在电影拍摄的时候，泛美航空公司是美国航空业最响亮的名字，是一家人们熟知的公司，没有任何人能想到它会在1991年垮台。但是，其他的创新越来越融入预测技术的发展，这是相当乐观的。

在配备有空服人员的商业太空船上，或在具有意识和独立思想的HAL9000计算机上，这一点非常明显；但是更微妙和更富戏剧性的是，在电影中出现了投币式公用电话。此外还有大屏幕、全动感视频。然而，在这部电影拍摄完之后的几年时间内，大屏幕、全动感视频要在现实中广泛存在，仍然有很漫长的路要走（我们更可能在互联网上进行视频通话，而不是通过传统电信连接）。

1995年，英国的科普作家约翰·格里宾（John Gribbin）在早期撰写量子隐形传送时，对班奈特1993年的论文进行了描述，他对此持肯定态度，但是文章却草草结尾。"考虑到实验人员都是才智过人的……要不到40多年，他们就很有可能把电子从实验室的一侧发送到另一侧，甚至发送到世界各地……"事实上，仅仅过了两年，就实现了对光子进行隐形传送，不到10年的时间，就对原子（或更准确地说，是离子）进行了隐形传送。格里宾的预言成为现实比预期要快得多。

也许在20年内就能实现某种像病毒一样复杂的东西的隐形传送，现在这样说似乎是有理有据。安东·塞林格对进一步的发展表示怀疑。"原则上，（可以隐形传送的物体的大小）不存在限制。但是，对足够大的物体来说——可能是任何活物——隐形传送仍然只是幻想，但是，未来的事谁知道呢！"正如塞林格自己评论道："一位实验主义者永远不应使用'永远不会'这种字眼。我们今天正在做的一些实验，放在十年前，我绝对不会相信可以做到。"

想象一下，根据量子纠缠，通过发送器发送一个人是存在可能性的。这个想法从多个角度来看都颇有吸引力。原则上，你能够以光速穿越世界，虽然在实际操作中，处理起初的扫描和重新建立所有这些量子状态可能需要耽搁几分钟。那么，是否有人愿意为了更快地到达某地而承担可能存在的风险呢？

要进行隐形传送，你体内的每个原子必将失去其量子唯一性。它涉及的将会是完全分解。不错，结果将能够完美地复制你所有的记忆和性格，但是，那还是你吗？如果你相信灵魂的存在，你会想要你的灵魂通过某种方式转移到新的躯体内吗？如果，正如许多科学家说的那样，你以为你的心灵只不过是肉体的一种机能，那么，对于你来说，你的心灵存在完全相同的复制品是否就足够了呢？"你"是什么？构成你的意识是什么？

做出决定比看起来更加困难。毕竟，我们的身体一直在变化，每天都在更换分子。从真正的意义上来说，现在的你并不是十年前的那个"你"。而每晚我们在睡着到第二天醒来之前都会失去意识，脱离现实。这是不是不尽相同呢？

当然，人就是人，我们可以找到某些自愿进行隐形传送的人。有些人也许会发现他们几乎没有选择。比如，我们可以想象，战士可能会被隐形传送到遥远的地方，而几乎没有人会关心他们自己的感受。是否有人会通过那个系统，然后从另一侧出来，这是可能实现的吗？对任何观看这个过程的人来说，眼前的与到达遥远目的地的是同一个人。不是相像，而是相同。即使如此，仍然有许多人，对于他们来说，隐形传送永远都是无法接受的，我必须承认，我就是其中之一。

隐形传送乍一看是纠缠潜在应用的最极端情况——但是，它还只是个开端。有些科学家已经将纠缠与心灵感应、粒子质量的来源，甚至与生命本身联系起来了。

量子
纠缠

Chapter 8

Curiouser and Curiouser

第8章　　神奇啊神奇

赞美这深邃的宇宙，

赞美这宇宙中的生命和欢乐、奇异的物体和知识。

——沃尔特·惠特曼（Walt Whitman），《回头看看走过的路》

（*A Backward Glance O'er Travell's Roads*）

我们看到的还仅仅只是开始。纠缠不仅是一个突破，而且是许多突破的开始。当我们将这门科学建立在一个引爆点上时，甚至很可能将会出现更非同寻常的应用。尽管如此，伴随纠缠的整个基础，甚至在这个阶段，仍有小部分科学家并不高兴，对于目前为止不容置疑的记录纠缠效应的存在，他们实际上持否定态度。

这些怀疑并没有什么新意。正如我们看到的，爱因斯坦对量子论感觉不安，这些年来，还有许多人对我们看到的世界——你放在哪里它们就在哪里的具体、可靠、可以识别的物体——和任何事物都是表里不一的量子世界的公认模型之间的不一致觉得不安。主流方法几乎都是假装这种分歧并不存在，采取"关于此，我们无能为力，因此，最好还是忽略不计"的态度；但是，有些物理学家还是为量子论和观察到的世界之间的分歧感到担忧。这种不安的情绪催生了对量子纠缠现象各种各样的解释，最值得注意的是解释量子物体有时看起来像粒子而有时像波状的奇特双重性（这种双重性表明，量子物体确实同时是两种形态）。此外，值得注意的是每当一个事件发生时，世界会一分为二，由此在理论上阐明了可供观测到的量子特性，进而构建在第二章中提到的多重平行宇宙。

这些对量子论的不同诠释在有关量子力学的书本中得到了广泛的讨论，不需要在此处深入讨论，因为它们与纠缠的相关性有限——最后，我们知道纠缠在实验上行得通——但是，重要的是解决对量子世界中因缺乏物质，也可以说是缺少现实性的关注，这一点会继续让人们，甚至是该领域如约翰·贝尔（John Bell）这样的专家们感到担心。

简单地说，许多人真正关注的问题是："组成世界的成分怎么可能是模糊的事物呢，怎么可能有时是粒子，有时是波，而粒子或波甚至都没有明确的位置呢？具体、实际的物体，比如说我的桌子，怎么可能实际上是性质如此模糊的实体的集合，它们怎么可以在宇宙中的任何地方（变化的概率）呢？"我认为，当研究这种问题时，要提醒我们自己——如第二章中我们讨论的史莱克和洋葱那样——科学，尤其是物理学，是关于构建模型，而不是关于定义绝对现实性的科学，这是颇有成效的。

我们永远无法直接检查光子或电子。我们无法处理它们、触摸它们、看到它们或者尝一尝它们的味道。虽然光子可以触发我们的视觉神经，产生一些幻象，但是我们无法"看到"光子，而是我们的眼睛对光子从别处携带的能量作出反应。我们无法像拆开一只钟表一样用手分开一个原子，看看它到底是怎样作用的。我们能做的所有事情就是建立一个心理模型，一种量子物体的物理学比喻，来看看这个模型与现实的契合度。我们探求在不同的情况下这个模型会怎样作用，并将其与现实世界的反应进行对比。

这种模型对物理学的重要性可以通过一个古老的玩笑得到很好的阐

明。在这个玩笑中，谈到了通常在人群中把科学家和其他人分开的最佳方式（科学家是人们嘲笑的人，而其他人只是看起来觉得困惑，或礼貌地笑一笑）。

> 有三个人，一个遗传学家、一个营养学家和一个物理学家，他们正在争论培育可以获胜的赛马的最好办法。遗传学家说："如果严格按照遗传原则，培育出优质赛马就不会有问题。只要选择获胜的赛马进行繁殖，筛选令其获胜的特性，经过几代之后，你就可以拥有能赢得比赛的赛马了。" 营养学家说："不，你错了。我不否认遗传的重要性，但是，为了确保一匹赛马赢得比赛，我们要按计划给这匹赛马提供饮食，并进行适量的锻炼，这样才可以确保它处在最好状态。"物理学家冷漠地摇了摇头，"来，"她说，"让我们把赛马想象成一个球体……"

这个玩笑的要点在于，物理学通常是通过采用某些我们确实知道的东西，在玩笑中，球体是作为模型来代替某些我们知道得较少的东西（在这个玩笑中是赛马）。通过极大的简化来进行研究。当我们将光或电子描述为波或粒子时，我们真正的意思是，我们正在使用波的模型（就像我们在海上看到的实际的、真正的波纹）或粒子的模型（像一束非常非常小的尘粒）。但是，这并不意味着光或电子是波或是粒子。虽然，引用某些我们熟悉的东西颇具吸引力，但是，我们必须记住，我们讨论的是一个模型，而不是真正的事物。

那么，光或电子是什么？光就是光，电子就是电子。它们有时恰巧表现得与波和粒子很相似，当我们试图预测光或电子会怎样表现时，这非常有用。但是，波和粒子并不是光或电子。如果能看到这一点，那么你对整个量子论关注的比重是合适的。光子出现后立即通过两个狭缝或纠缠在任何距离都能起作用的唯一原因就是我们让模型左右了，把它们看得过于重要了，这听起来有点奇怪。

这并不意味着会发生什么事情。我们的模型非常有用，我们可以继续对这个世界能够做什么、像什么（与它是什么相对照）做出越来越好的预测，但是，我们不应该奢望利用模型就可以获得绝对理解。

这给投机者们制造了一个陷阱。我们正在讨论现实性模型这个事实，以便在各种实验中更加容易提出没有任何直接基础的想法。例如，纠缠可以解释各种现象，有些人可能会争论，意识是一种涉及纠缠的量子现象，但是，大脑机理的生物证据表明，没有必要用这么复杂和精细的现象，来解释这种看起来卓越且永恒的能力。

但是，这并不会让所有的推测毫无价值。它不仅能够催生新奇的、奇妙的想法——在20世纪初，可以证明的是，所有的现代物理学都起源于为数不多的对传统科学发起挑战的大胆推测——而且，它还非常合理地动摇了根深蒂固的自满思想。一段必将引起轩然大波的有关纠缠的可能自然应用的推测，是由诺贝尔获得者物理学家布莱恩·约瑟夫森（Brian Josephson）在2001年提出来的。

约瑟夫森已经被科学家遗弃。他或许得到了人们的承认，但很少得到诺贝尔获得者应该得到的尊重。约瑟夫森总是行为古怪，不守规矩，这也导致他发现约瑟夫森结，也就是为他赢得诺贝尔奖的量子装置的最初灵感。这来源于在一次会议上，他准备站起来挑战一位年长、经验丰富的物理学家（并且是一名诺贝尔奖获得者），而他当时还只是一名研究生。

最近，约瑟夫森领衔心物合一项目，这是剑桥凝聚态物质理论研究组的一部分。在他的后期职业生涯中，约瑟夫森做了许多科学家认为非常离经叛道的事情——他显示出非同寻常的开放思想，而这被许多人认为只不过是容易上当受骗罢了。

当试图推进科学知识时，存在一个基本的二分法。如果你具有完全开放的思想，对所有的可能性都进行试验，你就会永远陷入徒劳无益的追求中，永远也无法追求有用的指引。但是，另一个极端也同样糟糕。它很容易忽略与常规思想背道而驰的东西，这不可避免地导致了研究停滞不前。在崇拜权威的年代，人们认为不应该争论已经公认的观点，这种态度使我们很难进一步发展。这种精神使科学从古希腊一直到科学复兴时代一直停滞不前，鲜有发展，直到被伽利略和牛顿等人摒弃。现在，我们应该已经知道了，只有提出问题才能收获智慧。

老实说，约瑟夫森展示了开放的思想某些好的一面和糟糕的一面。他准备调查有关自然和宇宙的非常不同的思考方式——导致牛顿提出有关光学的新观点，或爱因斯坦提出相对论的观点的方法。但是，同时，他对通常摒弃的概念，如水的记忆作为顺势疗法的明显效果进行解释，导致科学界倾向于摒弃他所说的一切。约瑟夫森也许并不总是正确的，但是，牛顿、爱因斯坦或费曼也是如此。事实上，他的同行们对他的态度令人吃惊，他们认为，约瑟夫森研究的某些领域根本就不值得研究，甚至这些领域会因为约瑟夫森感兴趣而受到连累。

约瑟夫森在工作中的特点就是对出乎意料的事物非常热情。他称贝尔的不等式为"近期物理学中最重要的进步"，这一说法得到许多书本的援引。我问他为何这样说，他告诉我是因为"它以明确的方式展示了自然的奇特性。没有远距离连接，你就无法拥有因果模型"。奇特性是深受约瑟夫森青睐的东西。

布莱恩·约瑟夫森常常有许多矛盾的想法，这些想法并没有在物理学的小圈子以外引起什么麻烦，但是，他的一项公开声明却引起了一时骚动，其影响扩散到了物理界以外。这一则有关纠缠的推测——任何人，包括约瑟夫森都没有任何异议，这是与推测无关的东西——伴随一系列纪念邮票，以小册子的形式进行出版。

2001年10月2日，英国皇家邮政发行了一套邮票，庆祝诺贝尔奖设立一百周年。其中共有六种邮票，每种邮票对应一种诺贝尔奖。对于邮票的介绍内容，皇家邮政委任六个相关诺贝尔奖得主撰写"诺贝尔感想"。哈罗德·克罗托爵士（Harold Kroto）涉及化学，詹姆斯·莫里斯（James Mirrless）教授谈论经济学，詹姆斯·布莱克（James Black）、约瑟夫·罗特布拉特（Joseph Rotblat）爵士阐述和平主题，谢默斯·希尼（Seamus Heaney）论述文学，布莱恩·约瑟夫森（Brian Josephson）谈到了物理学。

每种邮票都有各自的独特之处：物理学奖邮票是一幅硼分子全息照片；和平奖邮票上有独特纹理的压花；生理学和医学奖邮票一擦即可散发出桉树香味；文学奖则将T.S.艾略特（T.S. Eliot）的《与猫对话》（The Addressing of Cats）缩印在邮票上；经济学奖邮票有凹雕的标题行；化学奖邮票是一幅只有在加热时才会显示内容的热变色油墨图像。然而，约瑟夫森在他的感想主题中自由驰骋，他对纠缠进行了描述，在非常简短的文章中包含了一则惊人的推测。

　　物理学家试图将自然的复杂特性简单地归为一个统一的理论，其中最成功、最普遍的理论是量子论，其中还有几个人因为量子论获得了诺贝尔奖，例如，狄拉克和海森堡。一百年前，马克斯·普朗克最初的想法是解释热物体辐射的精确能量值，开启了以数学形式去描述一个神秘的、难以捉摸的、包含"远距神秘相互作用"世界的过程，但，又因为这个真实存在，激光和晶体管等物品才得以发明。

　　现在，量子论与信息学和计算机理论相互结合，硕果累累。

这些发展也许可以解释传统科学中仍然无法理解的过程，如英国人处在前沿的研究领域——心灵感应。

在最后一句话中，约瑟夫森对那些藐视具有开放头脑的人提出了挑战。实际上，他认为，如果存在心灵感应，其工作机理可能就是量子纠缠。由于心灵感应是否存在缺乏有说服力的实验证据，约瑟夫森是在故意挑衅，他的批评者立即作出了回应。2001年9月27日，在著名的《自然》杂志中，一则标题为"邮票小册子痛击物理学家"（Stamp Booklet Has Physicists Licked）的新闻里，埃里克·克雷克（Erica Klarreich）全然不顾英国人通常的克制形象，作出了真实激烈的反应。

埃里克·克雷克评论道，布里斯托尔大学（University of Bristol）的物理学家罗伯特·艾文斯（Robert Evans）谈到他对皇家邮政发表的宣称量子物理学与心灵感应有关的文章感到"非常不舒服"。克雷克还援引皇家邮政发言人凯瑟琳·霍林斯沃思（Kathyrn Hollingsworth）的话说："如果他的说法缺乏科学基础，也许我们应该对此进行审查，但是，如果他因为自己的工作而获得了诺贝尔奖，我们应该相信他"。

不久之后，《观察者报》（Observer）对论战起到了推波助澜的作用。《观察者报》是英国最受尊重的星期日报之一，它绝不是什么庸俗的黄色小报。在该报中，科学版编辑罗宾·麦凯（Robin Mckie）告诉读者："科学家非常愤怒"，并援引牛津大学教授、约瑟夫森的老对手戴维·多伊奇（David Deutsch）的话说，"完全是垃圾……皇家邮政被蒙蔽了，才会支持这些胡言乱语"。

约瑟夫森在致《观察者报》的一封信中及在英国主要的国家电台时事秀栏目《今日》（Today）的采访中进行了回击。《今日》栏目以严格盘问政治家，而不是探索科学的复杂性而出名。让人感兴趣的是，争论针对的并不是量子纠缠是否可以提供心灵感应的机理，而是陷入了心灵感应是否存在这一存在已久的"战场"。辩论可以总结为"心灵感应并不存在，因此，没有必要对它进行解释"，而约瑟夫森在他的回应中援引了心灵感应存在各种可能性的实验证据。

约瑟夫森是否攻击错了目标呢？由于心灵感应仍然是神秘巫术的主题，而不是艰苦的自然科学研究的主题，所以这很难说。然而约瑟夫森的推测并不仅仅是建立在这一想法上：心灵感应可以与量子论相联系，"因为不管怎样，它们都是非常模糊难解的"，正如揭穿所有超自然现象的专业怀疑者"伟大的兰迪（Randi）"在《今日》上宣称的那样。兰迪谈论量子论并非大材小用。约瑟夫森的评论是基于心灵的推测理论，这也许正确抑或不正确，但是，确实为他的推测提供了合理的联系。

我最近在剑桥碰到了约瑟夫森。在与这所大学格格不入的、超级现代的数学和理论物理学系，而不是古老的镶板公共休息室中，我们喝着下午茶，过着传统大学教师的简单消遣生活。我问约瑟夫森，他在邮票小册子中写的那篇文章是出于什么目的，只是挑衅还是非常严肃地讨论？他停顿了一会儿，然后平静但坚决地说："两者都有。"

布莱恩·约瑟夫森觉得在生物学和量子力学之间存在结合的可能。他指出，纠缠已经证明系统的不同组成部分可以远距连接——如果心灵感应被证明存在的话，它可以包括具有类似远程连接的大脑的生物系统部分。"对量子力学的真实理解让我们逃避：我们对自然的看法太过自然的观点"。

虽然心灵感应是否存在仍然有很多争议，但物理学家已经想到了用一种假想实验来证明吉勒斯·布拉萨德（Gilles Brassard）所称的伪心灵感应。正如我们在第五章中看到的，纠缠并不能以比光速更快的速度发送一则消息，但是，纠缠连接可能赢得一场比赛，否则，这场比赛需要通过通信来获得成功。就像许多游戏背后的数学——博弈论一样，在人类的相互作用中具有潜在的真实应用，在某种意义上全部都是游戏的形式——但是，我们首先来看看纠缠是怎样帮助玩家的。

博弈论也许听起来像赢得"大富翁"或"半条命"游戏的方法，但是，与前文提到的一样，科学研究的是现实的简化版本。许多博弈理论取决于两人或多人简单选择后采取的行动。通常玩家交流的能力有限。根据他们个人分别作出的选择，他们也许共同赢得胜利或遭受失败。通常情况下，博弈论研究单个行动的计划而不是整个游戏的策略。

也许，游戏理论词汇中最著名的实例是"囚徒困境"，它被用作合作的模型，是一种冷战中大多数思想背后隐藏的模型。将军和总统的顾问根据这种非常简单的游戏指出文明生存的数学运算，这是一种清醒的认识。

在囚徒困境中，最简单的情况是有两个囚犯，分别锁在隔开的单间中，彼此无法交流。每个玩家都可以选择合作或背叛另一名囚犯。如果两个人合作，每个人得到正面的结果。如果一个人合作，另一个背叛，背叛者得到的利益比他从合作中得到的利益更大，合作者得到更严重的负面结果。如果两个玩家都选择背叛，结果是两人都得到更微弱的负面结果。

	第二名囚徒合作	第二名囚徒背叛
第一名囚徒合作	两者都在某种程度上受益	第一名囚徒处境糟糕，而第二名囚徒受益很多
第一名囚徒背叛	第一名囚徒受益很大，而第二名囚徒处境糟糕	在某种程度上，两者处境都糟糕

图 8.1　囚徒困境

在假设另一名囚徒可能背叛的情况下，玩家的"合理"行动似乎是背叛。毕竟，通过背叛，玩家可以确保如果另一名玩家也背叛的话，他或她遭受的最坏处罚情况较为温和。如果另一名玩家合作，结果将是正面回报。然而，一个背叛玩家的奖赏只能来自另一名玩家付出的代价。两人合作的双赢局面既在道德上更可取——每个人都受益——而且从长期的系列游戏来看，总体情况更好。毕竟，两人之间的大多数相互作用涉及的不是一次而是一系列"游戏"。如果一个玩家一直背叛，另一个玩家可能会报复，这使得一系列游戏将以两者都失败而告终。

囚徒困境在"冷战"中的应用包括先发制人的核武器打击。有些人认为，核武器打击如果规模够大，就可以一次性结束游戏，那么就不存在系列事件，因为敌人无法继续参加"游戏"。这导致他们冷漠地建议他们认为合理的方法是抢占先机，摧毁敌人。谢天谢地，共同的人性使美国和俄罗斯这两位"玩家"采取了双赢的战略。

博弈论的部分观点是寻找处理各种特殊情况的最佳策略（毕竟，这只是名义上的游戏）——正是在这个方面，纠缠可以有所帮助。让我们想象一个非常简单的游戏：选定两个人，我们阻止他们进行交流。这里"阻止他们交流"的要求是绝对的。我们并不信任我们的玩家——我们必须假设，如果条件允许的话，他们会欺骗我们。搜查他们或对两人所在位置的无线电交流进行屏蔽是不够的。这两人非常聪明。我们必须假设，如果根据自然法则确实可能作弊的话，他们将找到一种方法来欺骗我们。

幸运的是，爱因斯坦为我们提供了一种必定成功的防御方法。让我们将一名玩家留在地球上，并将另一名玩家送到火星上（这只是一个假想实验，在现实中并没有必要这样做）。现在，就他们的平均距离来说，一束光从一个星球到达另一个星球需要花4分钟时间。光可能是速度最快的事物了。我们已经证明，即使采用纠缠连接，也无法以更快的速度发送一则信息。因此，我们要做的是，在每个玩家听到他们必须要作出的选择后，让他们在4分钟内做出决定（选择同时宣布）。那样，就算他们进行交流，也必须要在信息从一人传递到另一人之前做出选择。这非常简单，且在技术上可以得到论证。玩家无法通过任何方式，掩人耳目，秘密合作以欺骗大众。

　　然而，我们还必须确保游戏本身不会因为玩家采用耍滑头、预先安排、不需要随后进行交流的策略而被打败。简单的游戏通常很容易识破这种欺骗手法，这在舞台上就经常被使用，看起来像是有心灵感应。这里举一个可以愚弄大多数人的明显的心灵感应的简单范例。心灵感应的一方被赶出房间。当她待在房间外面时，在房间里面的观众选择一样物体。然后，外面的人回到房间，"表演"心灵感应的专家开始指着房中的物体。他的同伙最初每次都回答"不是"，直到他指向那个正确的物体，她才回答"是"。

　　让人惊讶的是，你可以多次重复这个游戏，随你指定任何喜欢的物体，观众可以采取他们想要的任何预防措施（除了蒙上表演者的眼睛）。这种表演没有任何直接交流却百试不爽，因为它依赖的纯粹是计谋。在这个例子中，两个心灵感应专家商量好，在指正确的物体之前，会先指一个有某种特别的颜色的物体。比如说，蓝色。表演者在房中转来转去，开始指着不是蓝色的物体，倒数第二个指向蓝色物体。这样，就能够找出正确的选择答案。哟，你瞧，真让人惊讶，同伴会说"是的"。这就是我们必须要避免的欺骗策略。

　　再次回到我们的两个玩家身上，他们一个在地球上，一个在火星上，让他们玩可以想到的最简单的游戏。要求每个玩家说"是"或"不是"。如果他们的答案相同，玩家失败；如果他们的答案不同，则玩家胜利。如果每个人随机选择他们说的答案，我们预期这有点像抛硬币。有一半的时间他们将得出相同的结果，游戏失败；有一半的时间他们会得出不同的结果，赢得游戏。（当然，这只是平均的情况。任何特定回合都将是确定的或赢或输。）但是，如果他们采用简单的策略，就可以一直赢得游戏。

　　最简单的策略是，地球上的玩家一直说"是"，而火星上的玩家一直说"不是"。这样，他们每次都可以赢得游戏，且在整个游戏中并不需要进行任何交流。或者，让游戏更有趣的策略是，在每个奇数回合中，地球玩家说"是"，而在每个偶数回合中说"不是"，而火星玩家则说相反的答案。你可以想象一下，他们可以在越来越多的重要规则中采用一些策略，使猜测变得看似随意，但实际上并不如此。

这一点无关紧要。你可能会说："那又怎样？"游戏有趣的原因是：如果量子纠缠可以起到作用的话，可以把这些游戏提升到另一个复杂的程度，但是，实际上显然他们会被打败。这种实验的最佳例子大概就是由马塞诸塞州伍斯特工学院（Worcester Polytechnic Institute）潘德马那巴汗·阿拉温德（Padanabhan Aravind）提出的。他的游戏涉及一个三乘三的方格，其中两个玩家必须将0或1放在一排或一列。

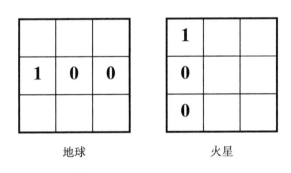

地球　　　　　　　　火星

图8.2 游戏失败——在地球上，交叉的方格是1，而在火星上是0

游戏的规则看似古怪，但是，要想示范起作用，这又是必需的。一个玩家处理"魔术方格"的行，而另一个玩家处理列。一个回合开始后，地球（比如）在第二排，而火星在第一列。在四分钟交流障碍被破坏之前，地球上的玩家必须在行中填写，而火星玩家必须在列中填写。他们可以在每个方格中填上0或1，但是，地球上玩家的数字加起来必须是一个奇数，而火星上玩家的数字加起来必须是一个偶数。要想赢得比赛，两个玩家填写的方格——形成他们各自的行和列重叠的方格，必须是相同的数值。

这个游戏和"是/不是"游戏的区别在于,玩家不可能事先商定一个策略,以使比随机选择更容易赢得游戏,因为远距离玩家并不知道另一个星球上的玩家选择的是哪一行或哪一列。

这就是游戏的智慧所在。游戏的组织者允许参与者携带多个纠缠粒子。毕竟,我们知道,通过纠缠连接发送信息是不可能的。但是,当行和列的数字被宣布后,每个玩家要拿出一对粒子,并通过与已经选择的行或列对应的量子门来放置它们。在合适的量子门转化后,玩家可以读出一对数值。地球也许是10,火星也许是01。这些数值用于方格中的前面两个数字,第三个数字从奇/偶原则推算出来。

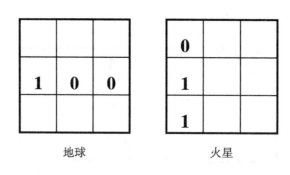

地球　　　　　　　　　火星

图 8.3　赢得游戏——地球和火星的交叉方格都是1

结果是随机的,因为两个玩家之间并不存在信息交流,但是,由于神秘的纠缠连接,将会保证结果是选择的方格会赢得胜利。

发送信息的方式仍然不存在,但是,仅仅通过量子连接,这种纠缠应用就最接近分享真正的信息。对游戏本身而言,游戏并不会改变世界;尽管如此,还是很容易看出为什么布拉萨德把这称为伪心灵感应。看起来它真的好像两个人之间存在某种心灵联系,因为在游戏时间内,玩家之间不可能传递信息。

虽然这个游戏在现实世界中也许不会有任何实际应用，但是，它还存在其他与商业和政治谈判对应的相关应用，正如囚徒困境游戏是核僵局的粗略模型一样。一种有趣的可能是，从"魔术方格"纠缠游戏推导的系统可以通过潜在的输入，促使谈判得到更公平的结果，借此，有些贡献者可以利用别人的慷慨而占便宜。总之，纠缠能够将真实世界和量子世界之间的界限推动多远，这就是极好的印证。

因为心灵感应跟其他关于纠缠的推测不一样，不会引起消极反应，因为它包裹在博弈论严密的数理逻辑之下。约瑟夫森有关真实的心灵感应的建议遭到的部分负面反应，可能是因为量子论不幸吸引了非科学家的注意。这些非科学家因为量子世界的奇特性和东方哲学的神秘想法之间有明显的相似性而受到鼓舞。不幸的是，尽管不可避免，量子理论已经比任何其他科学领域都引起了更多的哲学讨论。

毕竟，正如量子纠缠所演示的那样，量子世界并不像一个"正常世界"，不像我们所预期的那样相互联系。并且，测量行为会改变量子系统的这一既定事实，在量子科学中留下了人类的气息，这也使得其更具魅力。量子科学界必须认识到，实验员是确实存在的，是实验的一部分。这种认知吸引了后现代主义者，也极力否认客观性的存在。按照现状来说，虽然每个人都同意量子理论能很好地预测一些现象，但是对于它如何阐述总是存在很大争议。对某些认为量子物理学和东方哲学、宗教联系紧密的人来说，这种"不明确"颇具吸引力。

迈克尔·谢尔默（Michael Shermer）是《科学美国人》（*Scientific American*）的怀疑论者，他指出"新时代科学家"很容易随便学几个量子术语，然后拼凑出几乎没有什么真正科学性的准确概念。谢尔默从中挑出一个很好的例子，物理学家默里·盖尔曼（Murray Gell-Mann）称为"量子胡说"的一部名为《我们知道什么是#$*！》（*What the #$*! Do We Know*）

的电影。谢尔默引用电影中一名科学家的话说："我们周围的物质世界只不过是意识的可能运动罢了。我每时每刻都在经历选择。海森堡说原子不是物质，只是倾向。"谢尔默向这个例子中的科学家发起挑战，让他从20层高的大楼上跳下来，试验他落到地面上摔扁的倾向。

"量子论在某种程度上是古老东方智慧的证明"，对这一想法影响最大的也许就是盖瑞·祖卡夫（Gary Zukov）在1979年出版的一本名为《与物理大师共舞》（*The Dancing Wu Li Masters*）的书，这本书虽然已经出版很久了，但现在仍在出售。虽然，该书的原意是描述现代物理学，而不是将东方哲学融入其中，但是，祖卡夫用很大篇幅阐明了量子物理学的各个方面。这些内容将吸引空有想法却没有行动的一代，并再次强调了我们以为可以超越事实的客观现实或真理并不存在。祖卡夫对量子物理学神秘性质的描述及对量子物理学的哲学关注有点偏离主题了。正如约翰·贝尔（John Bell）评论道：

> ［盖瑞·祖卡夫］让人对物理学界发生的事情产生了错误的印象。人们并非常热衷于讨论佛教和贝尔不等式。只有极少数人在这样做，而他的书给人的印象是我们一直都在这样做。

祖卡夫解释在中国（原文如此）物理（Wu Li）用于表示物理学（physics）时，他建立了日程，以特殊的方式来解释所有的事情，从这本书的前面部分就可以明显看出。物（Wu）指的是物质或能量，理（Li）指的是普遍秩序、普遍规律或有机模式。祖卡夫因此将物理学解释为"有机能量的模式"，这种描述就算实际上毫无意义，也得体贴切，充满了新时代的感觉。他并没有指出，根据他的定义，物理学这个术语也可以解释为"能量/物质的普遍规律"，这种说法科学界的人更加认同。

祖卡夫对贝尔不等式感到异常兴奋。在他写这本书的时候，证明纠缠的第一个实验已经开展了，但是艾伦·阿斯派克特的开创性工作仍在进行之中。即使如此，祖卡夫的步伐似乎走得太远。他说，如果实验证明了量子理论的有效性，贝尔不等式就摆脱了"局部原因"。在这里，他将微小的、非常具体的发现夸大为对整个宇宙的论断，这是毫无根据的。

祖卡夫认为，纠缠粒子有能够展现爱因斯坦的"远距神秘作用"的可能性，这使其能够断言：所有局部因果关系都可以从窗户扔出去了。这是不顾这一事实：据我们当时所知，纠缠是一种非常难以构建的脆弱状态。他推断所有的东西都有所联系，一切归一——我们回到了东方的、整体论的因果报应理论。不幸的是，这一步走得过远了。贝尔不等式和证明其结果的实验并没有表明所有事物都像祖卡夫认为的那样纠缠在一起。

祖卡夫的书非常成功，但是，虽然它确实向读者介绍了现代物理学中他们从未听说过的东西，但它也不可避免地使科学家们对量子纠缠更加谨慎，以防止其被极端分子利用，这有助于解释约瑟夫森文章受到的遭遇。

然而，约瑟夫森的命运并没有阻止其他一向严谨的科学家作出有关量子纠缠的引人注目的推测，有些甚至非同凡响，但是并没有产生相应的反响。

在所有纠缠的推测中，最引人注目的想法出自物理学家维拉科特·维特拉（Vlakto Vedral），他最近一直在伦敦帝国理工学院（Imperial College）的布莱克特（Blackett）实验室。布莱克特在2003年在备受尊敬的《自然》杂志上发表了一篇文章，他利用了某些新的研究，提出了非凡的见解，就纠缠和生命本身联系起来。

这个实验由芝加哥大学（University of Chicago）物理系、詹姆斯·弗兰克（James Franck）研究所的新哈密特拉·戈什（Singhamitra Ghosh）及其在英国伦敦和美国威斯康星州的同事共同开展。在察看锂盐的磁性是如何随温度变化而变化时，出现了令人吃惊的结果。锂盐的磁性比预期更加强烈，比充当小磁场的原子磁性更强，排列更整齐，超出经典物理学能够解释的范畴。但是，假设原子纠缠在一起，进行计算，答案与观察到的结果非常吻合。

量子纠缠看起来似乎不仅能够影响粒子对微小个体的行为，而且也能够影响整个磁结构。在这里纠缠会使某种能够触摸、拾取的东西的磁场强度发生变化，而不仅仅是极其微小的粒子。更重要的是，戈什和他的合作者还证明，锂盐的其他性能，包括热容在内，都会受到纠缠的影响。

正如维特拉指出的那样，这表明，量子纠缠对这种物质在我们平常接触的和测量的（宏观）尺度上的行为至关重要；甚至少量纠缠可以在人类世界，即纠缠物理对象的"真实"世界，产生明显的效应。借助这种观察，维特拉准备进行一次推测性的跳跃。

他指出，量子论是我们对原子如何作用最准确的描述，隐含了我们知道的关于化学的所有东西。化学，反过来，又为生物学提供了运行机制，包括那些推动我们新陈代谢和繁殖的东西。"因此，也许量子效应不仅主宰无机物质的行为，而且纠缠的神奇力量对生命的存在也是至关重要的。"维特拉提出了这样的结论。我们的存在也许正是通过纠缠才成为可能。

请注意，这一点与祖卡夫的想法完全不同，祖卡夫从涉及两个粒子的实验一路跳跃到"整个世界都像这样"，而维特拉采用了更具逻辑性的方法，从实验观察逐步进展到作出推测。即使如此，他的观点看起来非常不可能，这是因为纠缠难以实现。我们在前面几章中看到的纠缠实验起初是非常脆弱的，例如，对纠缠光子来说，在光纤中只能维持大约20千米（12.5英里），这种限制使纠缠的寿命只能是一秒的极小分数。如果纠缠如此脆弱，容易退相干，那它又怎样承担延续稳健且长久的生命现象的重任呢？

罗杰·彭罗斯（Roger Penrose）是一位时有争议但备受尊敬的英国物理学家，他指出，实际上，这差不多就像是由后往前看待事物。从量子粒子的性质来说，纠缠是事物的正常状态。纠缠的存在并不那么让人吃惊，因为它并不是物理界的主要效应。纠缠应通过构成所有物质的量子粒子不受干扰地自然波动，正如虚构的九重冰晶体会在水中爆炸性扩散一样。

九重冰只是一个纯粹的概念，出现在美国极富想象力的科幻作家库尔特·冯内古特（Kurt Vonnegut）的小说《猫的摇篮》（*Cat's Craddle*）中。他描述了新发现的冰的形态，它非常稳定，只能在114华氏度（45摄氏度）下融化。如果水进入九重冰形态，在正常气候条件下，它将永远无法从那种形态中出来。如果九重冰的晶体被扔进湖中或海洋中，它会从一个海岸扩散到另一个海岸，完全不受控制，会冻结所有的水资源供应，摧毁地球。

幸运的是，九重冰并不存在（虽然它是非常奇妙的灵感），不过，确实存在一种名字与九重冰相似的IX冰，是一种在极低温度下形成的冰。然而，这种冰在室温下并不稳定，而且，不管怎么说，它并不具有与九重冰相同的性能。但是，丢入一个能迅速蔓延至所有事物的晶体的想法似乎会是纠缠事物的常态。

据彭罗斯称，纠缠的扩散并不会失控，其理由是观察这一行为将其破坏了。我们在纠缠的所有应用中都看到了这一点，彭罗斯设想这一点在宇宙中发生的规模更大。他认为，自然连续不断地测量量子物体，破坏了纠缠。所指的并不是奶牛在田野里拿着卷尺测量，或星星忙于使用干涉仪，他指的是宇宙中所有不同物体彼此之间的影响——它们的接触、运动和对光的反应——都相当于测量，而这种测量破坏了纠缠本来特有的状态。其他物理学家，如纽约大学的托尼·萨德伯利（Tony Sudbery）认为，并不是观察破坏了纠缠，而是因为我们本身是纠缠世界的一部分，我们无法超越我们自己的纠缠成分。

最近，维拉科特·维特拉还提出了纠缠在宇宙中的作用存在令人惊异的可能性。维特拉现在是利兹大学（University of Leeds）量子信息科学的世纪教授。2004年，维特拉利用纠缠来解释超低温世界中的奇特效应，但是，他的解释也提出了在物质本身性质中纠缠起基础作用的可能性。

当物质处于极度低温，接近最低绝对极限温度-273.16摄氏度（约-460华氏度）时，在这个温度下，原子运动应该停止，严格来说，温度不再存在，与室温相比，它们的行为更强烈地受到量子力学效应的影响，导致发生看起来似乎不太自然的反应。某些物质，如氦，变成超流体，完全没有黏度。据布里斯托尔大学的物理学家菲儿·米森（Phil Meeson）称，"如果你在超流体中拍手，就好像在真空中拍手一样。就好像那里没有任何东西。"当然，实际上，如果你的手温接近那个温度，它们毫无疑问会变得粉碎，但是，这个想法的重点在于在超流体中，物理运动根本不存在任何阻力。

如果你让一个超流体环开始转动，它将会永远转下去，因为没有任何摩擦让它停下来。更广为人知的是，超流体会像幽灵一样试图从容器中爬出来，因为不存在摩擦来阻止分子的自由运动。在这些令人难以置信的低温下，物质会变成没有任何电阻超导体，可以完全传输电流。发生过的最奇特的行为之一是迈斯纳效应。这种效应是沃尔特·迈斯纳（Walter Meissner）和罗伯特·奥森菲尔德（Robert Ochsenfeld）在1993年发现的。

将一个质量较轻的磁铁放在一个超导体上，磁铁将上升，浮在空中。磁铁在此超导体中产生电流，使超导体产生了自己的磁场。一种简单化的观点是，超导体是一种理想导体，因此，使磁铁产生的电流完全流动，产生与原磁铁相斥的电磁体。实际上，事情比这更复杂一些，因为要产生电流，这就要求磁场运动或变化。只是将磁铁放在理想导体上面，并不能产生迈斯纳效应。

需要将一块磁铁放在一种将要变成超导体的物质上面，磁铁的磁场穿过这种物质。但是，当物质通过使其变成超导体的临界温度冷却下来时，电流开始在新的超导体表面流动，有效地推动磁场离开物质，并同时带上磁铁离开物质。这样，磁铁就浮起来了。维特拉认为，这种效应是超导体表面纠缠电子引起的，为电磁场的光子提供了有效的质量，让它们挣扎着通过了物质，就好像是量子桨一样。

如果情况真是如此，那么维特拉的推测理由充分，也许纠缠还可以解释日常事物的质量。将物质的粒子连接在一起的力通常归因于中间无质量的粒子，如光子。光子不仅仅为我们提供光和其他电磁射线，而且还在物质的粒子间不断地跳跃。人们无法看到这种跳跃。

但是，如果所有自然力都是通过无质量的介质，如光子传输的话，它们应该无限延伸——然而，在实际情况中，大多数力的延伸范围受到限制，而且大多数介质粒子具有质量。这种奇特性可通过神秘的、难以捉摸的被称为希格斯玻色子的粒子来解释。

在这里，我们需要介绍一点背景知识。玻色子，和光子一样，是量子粒子的两种类型之一（另一种是费米子，如电子）。玻色子可以分享量子状态，而费米子不能。希格斯玻色子是一种假设的粒子，目前仍没有任何人看到过。人们进行了种种尝试，有时候整个概念都被宣布无效，但是，不管怎样，至今为止仍然找不到任何证据。

这种概念是在20世纪60年代由爱丁堡大学的彼得·希格斯为了解释物质从何而来以及为什么不同的粒子具有不同的质量时提出的。每种自然力都有对应的场，一种通过玻色子传导、自然力在其中起作用的环境。电磁场的载体是光子。希格斯猜想还存在一个磁场，即决定质量的希格斯场。根据这种理论，粒子的质量来自与之相互作用的希格斯等效光子——希格斯玻色子。

这些希格斯玻色子仍然颇具争议。它们可以很好地解释目前的理论和观察到的现象，但是，没有人曾见过这些所谓的"上帝的粒子"（之所以这样称呼它们，是因为它们赋予其他粒子质量这一基本功能）。回到2001年，有些推测认为玻色子并不存在，因为并没有显示它们存在的相关实验公布，但是，也有许多人认为，它们也许是真实存在的，——实验家说，我们只是没有足够强大的粒子对撞机来捕获这些难以捉摸的希格斯玻色子。现在，政府常常取消对撞机项目，因为它们非常昂贵，从而延迟了任何可能的发现。

现在，有趣的是，人们认为，希格斯玻色子通过排斥介质粒子而对它们施加作用，有效地将它们推出去，正如超导体中的电子排斥磁场的光子一样，但是，对于这种现象出现的原因还没有任何解释。维特拉认为，如果希格斯玻色子受到纠缠，就可以解释它们的行为，正如迈纳斯效应中的排斥一样。

目前，这并没有详细的理论，只是一种推测，但是，与Psi（超心灵）效应的推测不同的是，希格斯玻色子（本身还未被看到）被认为是主流科学，因此，在纠缠的这个方面，即纠缠是物体具有质量的基本机理，被认为是可以接受的假设——它极有可能被证明是正确的。如果希格斯玻色子——"上帝的粒子"，真的是"纠缠作用"的，那么，结合纠缠的无限到达和非凡的结果，称呼纠缠为上帝的效应似乎并不过分。

尽管七十年或七十多年来，怀疑论者们对其进行了种种攻击，但是，纠缠并不会消失。每个实验都让我们更进一步地认识到这个世界在量子层面上是多么奇特。即使像阿尔伯特·爱因斯坦这样有独创性的思想家，其自然反应都是倾向否认量子的可行性，但是，结果证明这样做是难以接受的。量子理论行得通，大有用处。

这不应该是什么新奇的东西。当你读到这本书时，你很有可能正坐在一个设计和制造都大量使用量子技术装置的一码范围之内。在开发雷达中，以光学开始，然后是电磁学（最后是微波炉）。现在，在你的个人计算机、手机、电视以及更多的东西中，你可能拥有数十亿确定的量子装置实例——晶体管。大多数家庭还拥有另一种量子技术——CD和DVD播放器、录像机、激光打印机中的激光。没有量子世界中的奇怪现象，这些东西都不可能诞生。

就对世界的影响而言，量子纠缠很可能与晶体管和激光的核心基本量子效应相竞争。艾伦·阿斯派克特是第一个确切地证明了纠缠挑战现实局限性的科学家，他对这一点乐于发表意见，这相当罕见。他用对待《圣经》般虔诚的态度介绍了约翰·贝尔关于纠缠的论文：

> 我认为，实现纠缠的重要性和单个物体的量子描述的阐明，
> 是第二次量子革命的基础，而约翰·贝尔是它的预言家，我这样
> 说一点也不夸张。
>
> 这种曾经纯粹的科学追求很有可能将引发一次新的技术革命。

艾伦·阿斯派克特并不是科幻小说作家，他是其研究领域中最受尊敬的科学家之一。阿斯派克特似乎过于夸张了，他提醒我们："发明第一个晶体管时，有谁能够想到集成电路会无处不在呢？"量子加密术、量子计算机及量子隐形传送，可能只是新的量子革命的开始。通过量子纠缠，新的量子效应正登上真正的国际舞台。毋庸置疑，量子纠缠——上帝效应，会是未来的伟大事业。

注　释

序

第1页—赫胥黎将科学当做常识的引用，摘自T.H.赫胥黎的《随笔集》第四卷—查第格的方法（伦敦：格林伍德出版社，1970）。

第1页—费曼关于自然令人愉快的荒谬之处的论断，摘自理查德·费曼，QED：光和物质的奇异性（伦敦：企鹅出版社，1990）。

第1章　纠缠的开始

第2页—爱因斯坦的"可怕的远距效应"，摘自马克斯·玻恩《玻恩—爱因斯坦书信集》（伦敦：麦克米伦出版社，1971）。

第3页—薛定谔第一次使用"纠缠"的论文是《分隔系统之间的概率关系探讨》，收于《剑桥哲学学会会刊》31（1935）：555—563［2］。

第3页—关于术语"纠缠"的来源及纠缠和V之间的区别，可在量子计算网站中心的"寻找纠缠的真正起源"找到，网址：http://cam.qubit.org/。

第4页—婴儿对远距作用的反应描述，见罗伯托·卡萨提的《阴影俱乐部》（伦敦：小布朗出版社，2004）。

第5页—牛顿关于重力的论述，摘自《数学原理》（自然哲学的数学原理），第三册，总释，艾萨克·牛顿，安德鲁·莫特翻译（伦敦：H.D.西蒙兹，1803）。

第7页—拉丁语"fingo"的翻译，摘自《原理》，总释，艾萨克·牛顿，I.伯纳德·柯恩和安尼·惠特曼翻译（伯克利：加利福尼亚大学出版社，1999）。

第7页—可以通过多维度解释量子论的奇特性，见T.S.拜罗、S.G.马蒂严和B.米勒的《经典规范场的混乱量子化》，摘自《基础物理学快报》14，no.5，471—485。

第8页—爱因斯坦对非定域性的批评，摘自马克斯·玻恩的《玻恩—爱因斯坦书信集》（伦敦：麦克米伦出版社，1971）。

第9页—马克斯·普朗克关于量子的评论，引自布莱恩·克莱格的《光年》（伦敦：皮拉图斯出版社，2001）。

第12页—普朗克关于爱因斯坦进入普鲁士科学院的评论，引自杰里米·伯恩斯坦的《量子概论》（普林斯顿：普林斯顿大学出版社，1991）。

第13页—史莱克的怪物就像洋葱的比喻，摘自电影《怪物史莱克》（梦工厂工作室，2001）。

第13页—赫伯特说原子的行星模型是错误的，格里宾对此进行批评，摘自约翰·格里宾《薛定谔的猫》（伦敦：凤凰出版社，1996）。

第15页—动量在 J. C.玻尔金霍恩的《量子世界》（伦敦：企鹅出版社，1990）中被定义为"（粒子）正在做的事情"。

第15—16页—以快速运动物体测不准的状况是皮特·莫里斯在致作者的一封信中描述的。

第17页—安东·塞林格在剑桥大学的富士通讲座（2004年10月）中讨论了爱因斯坦早期不认可随机性。

第18页—致玻恩的信中爱因斯坦称他宁愿是一个补鞋匠，摘自马克斯·玻恩的《玻恩—爱因斯坦书信集》（伦敦：麦克米伦出版社，1971）。

第18页—致玻恩的信中爱因斯坦称"上帝不是在掷骰子"，摘自马克斯·玻恩的《玻恩—爱因斯坦书信集》（伦敦：麦克米伦出版社，1971）。

第19页—富兰克林认为"该死的谎言和统计数字"，引自迪斯雷利的自传，在《牛津语录辞典》中引用（牛津：牛津大学出版社，1979）。

第22页—尼尔斯·玻尔，《作品选》（J.Kalchar编辑），no.6（阿姆斯特丹：北荷兰出版社，1985）。

第25页—派斯对玻尔"喃喃自语"念着爱因斯坦名字的描述，摘自杰里米·伯恩斯坦的《量子概论》（普林斯顿：普林斯顿大学出版社，1991）。

第26页—"EPR"论文是A.爱因斯坦、B.波多尔斯基和N.罗森合作完成的《量子力学对物理实在性的描述是完备的吗？》，摘自《物理评论》47（1935年5月15日)。

第2章　量子的对决

第30页—"EPR"对实在性的标准来自《量子力学对物理实在性的描述是完备的吗？》一文，作者A.爱因斯坦、B.波多尔斯基和N.罗森，摘自《物理评论》47（1935年5月15日)。

第33页—亚伯拉罕·派斯关于玻尔对EPR的反应，摘自亚伯拉罕·派斯的《尼尔斯·玻尔时代》（牛津：克拉伦登出版社，1991）。

第33页—玻尔第一次听到EPR论文的反应被里昂·罗森菲尔德在斯蒂芬·罗森塔尔编辑出版的《尼尔斯·玻尔：朋友、同事眼中玻尔的生活和工作》（阿姆斯特丹：北荷兰出版社，1967）中进行了详细的描述。

第34页—玻尔对EPR论文的书面回应，出自尼尔斯·玻尔的《量子力学对物理实在性的描述是完备的吗？》，摘自《物理评论》48。

第35页—玻尔评论远距作用是"完全不能理解的"，摘自玻尔《核物理学的空间和时间》，Mss 14，1935年3月21日（手稿集，量子物理学历史档案，美国哲学协会，费城）。

第35页—皮特关于爱因斯坦/玻尔分歧和塞尚及现实主义画家的比较，摘自F.戴维·皮特的《爱因斯坦的月亮》（纽约：当代书籍出版社，1990）。

第36页—薛定谔第一次使用"纠缠"的论文是《分隔系统之间的概率关系探讨》，收于《剑桥哲学学会会刊》31（1935）：555—563［2］。第36—37页—致玻恩的信中，爱因斯坦1944年承认他对量子论仍然非常怀疑，摘自马克斯·玻恩的《玻恩—爱因斯坦书信集》（伦敦：麦克米伦出版社，1971）。

第37页—爱因斯坦将妄想狂与量子论的比较，摘自1952年7月5日致D.利普金的信（爱因斯坦档案）。

第37页—罗森对EPR是佯谬的否认，来自P.拉迪和P.米特尔施泰特的《现代物理学基础论文集：爱因斯坦、波多尔斯基、罗森理想实验五十年》（新加坡：世界科学出版社，1985）。

第37页—爱因斯坦关于EPR利用两种状态的"这对我来说就像香肠一样（无所谓）"的评论，引自A.法因的《摇晃的游戏：爱因斯坦、实在论和量子论》（芝加哥：芝加哥大学出版社，1996）。

第38页—"佯谬"意味着矛盾或荒谬的说法，摘自安德鲁·惠特克的《爱因斯坦、玻尔和量子困境》（剑桥：剑桥大学出版社，1996）。

第38页—电视剧《星际迷航：下一代》描述了将牛顿、爱因斯坦和霍金用全息技术复制出现与剧中常驻的、机器人Data之间玩扑克游戏。这段内容见《陨落》，第一部，1993年6月21日首次播出。

第39页—安妮·贝尔关于"星期天礼服"的说法，引自安德鲁·惠特克的《约翰·贝尔及科学中最深远的发现》，摘自《物理世界》（1998年12月）。

第40页—贝尔关于量子论是"被破坏了"的观点是对杰里米·伯恩斯坦说的，并在杰里米·伯恩斯坦的《量子概论》中有详细的描述（普林斯顿：普林斯顿大学出版社，1991）。

第41页—贝尔对赫伯特评论"一个模糊、晦涩的领域，偶然发现了费解而又清楚的东西"，引自尼克·赫伯特《量子实在性：超越新物理学》（纽约：船锚书籍出版社，1985）。

第41页—贝尔偏向爱因斯坦而不是玻尔的观点是杰里米·伯恩斯坦报道的，见其《量子概论》（普林斯顿：普林斯顿大学出版社，1991）。

第41页—贝尔感觉玻尔对EPR的解释语无伦次，见安德鲁·惠特克的《约翰·贝尔及科学中最深远的发现》，《物理世界》，1998年12月。

第3章　成双成对的光

第47页—关于牛顿和莱布尼茨谁最先提出微积分的辩论，见布莱恩·克莱格的《无限性简史》（伦敦：康斯太布尔&罗宾逊出版社，2003）。

第47页—爱迪生和斯旺之间关于电灯的诉讼，摘自布莱恩·克莱格的《光年》（伦敦：皮拉图斯出版社，2001）。

第48页—理查德·费曼不理会约翰·克劳泽关于试验测试贝尔不等式的描述，见埃米尔·奥采尔的一次采访中《纠缠》（纽约：四面八方出版社，2002）。

第53页—贝尔写给克劳泽谈到他很高兴在实验上证明他的不等式的信，引自埃米尔·奥采尔的《纠缠》（纽约：四面八方出版社，2002）。

第53页—贝尔悲观的结论"合理的事情往往不能被接受"，摘自杰里米·伯恩斯坦的《量子概论》（普林斯顿：普林斯顿大学出版社，1991）。

第54页—前沿实验者面对的问题的论述，见约翰·沃勒的《冒险行动》（牛津：牛津大学出版社，2004）。

第56页—阿斯派克特对产生纠缠光子的困难的描述，见P.C.W.戴维斯和J.R.布朗的《原子中的幽灵》（剑桥：剑桥大学出版社，1993）。

第59页—阿斯派克特关于爱因斯坦对他的实验的反应的说法，见P.C.W.戴维斯和J.R.布朗的《原子中的幽灵》（剑桥：剑桥大学出版社，1993）。

第64页—关于纠缠神秘作用的争论的信件，见《新科学家》2471（2004年10月30日）。

第64页—贝尔的论文《伯特曼的短袜和现实性的本质》发表在《物理学》杂志上，C2集，增补第3册，no.42（1981）41—61。

第65页—塞林格对伯特曼的袜子的观察的谈论，见剑桥大学应用数学和理论物理学系的一次采访，2004年10月。

第69页—从玻璃反射的量子效应的资料，摘自理查德·费曼的《QED：光和物质的奇异性》（伦敦：企鹅出版社，1990）。

第69页—采用分束器纠缠铷原子云的描述，见D. N.马特苏克维奇和A.库兹米奇的《物质和光之间的量子状态传输》，引自《科学》306（2004）：663。

第70页—光纤的距离限制及维也纳研究小组的远距离室外连接的描述，摘自安东·塞林格在剑桥大学的"富士通演讲"，2004年10月。

第70页 —亚历克斯·库兹米奇关于建立量子中继器的目标就是在华盛顿和纽约之间建立连接的评论，摘自《新科学家》2417（2004年10月30日）。

第70页 —首次跨越多瑙河进行的纠缠光子传输的描述，见M.艾斯派梅尔、H.R.玻姆和T.嘉措等的《量子纠缠的远距自由空间分布》，引自《科学》301（2003）：621—623。

第70页—中国的远距空中传输纠缠粒子的详细描述，见程志鹏等《纠缠光子对在13千米距离的实验自由空间分布：迈向基于卫星的全球量子通信》，引自《物理评论快报》94（2005）：150501。

第71页—地面高度对空气压力的影响，见布莱恩·克莱格的《飞行器完全手册》（伦敦：潘出版社，2002）。

第73页—安东·塞林格希望到2010年可以部署纠缠卫星接收器的描述，引自《自然》434（2005）：1066。

第73页—认为纠缠效应是"毛茸茸的小兔子"，无法在实验室外应用的描述，见尤金妮娅·塞缪尔·莱赫《哪个方向是向上？》，引自《新科学家》，2004年10月2日。

第74页—采用纠缠使时钟同步的实验，见亚历山德拉·瓦伦西亚、朱莉安诺·斯凯丝莉、史燕华的《采用纠缠光子对使远距时钟同步》，引自《应用物理学快报》85，no.13（2004）：2655—2657。

第4章　秘密的纠缠

第74页—军队使用纠缠用于潜艇通信的提议，引自杰里米·伯恩斯坦的《量子概论》（普林斯顿：普林斯顿大学出版社，1991）。

第77—78页—有关秘密信息的历史的详细介绍，见西蒙·辛格的《密码故事》（伦敦：第四阶级出版社，1999）。

第82页—关于二次世界大战中德国使用的恩尼格玛密码机及其被英国布莱切利公园破解的全面描述，见西蒙·辛格的《密码故事》（伦敦：第四阶级出版社，1999）。

第83页—埃克特发现可使纠缠用于密码术，摘自作者的一次采访。

第86页—有关人们对斯蒂芬·威斯纳不可伪造的钞票毫无反应的描述，引自西蒙·辛格的《密码故事》（伦敦：第四阶级出版社，1999）。

第89页—施莫林对他和查尔斯·班奈特的工作的描述，见《早期量子加密术》，引自《IBM研究开发杂志》47，no.1（2004）：47—52。

第93页—捕捉击键的商业装置是Key Katcher，其描述见www.keykatcher.com。

第5章　布利什效应

第97页—布利什对其故事的讨论，引自詹姆斯·布利什的《同一时间》的序言中（伦敦：利箭出版社，1976）。

第101页—缪特将速记员（tachygraph）改为电报（telegraph）的描述，摘自他的回忆录（I，38），引自《牛津英语大词典》。

第103页—电报被称为维多利亚时代的互联网的描述，见汤姆·斯坦奇的同名小说（伦敦：凤凰出版社，1999）。

第105页—关于虚构的狄拉克发射器的描述，摘自詹姆斯·布利什的小说《同一时间》（伦敦：利箭出版社，1976）。

第106—107页爱因斯坦关于相对论对同时性的影响的讨论，引自阿尔伯特·爱因斯坦的著作《相对论：狭义与广义相对论》（纽约：多佛出版社，2001）。

第6章　虚幻的机器

第126页—巴贝奇希望计算可以借用蒸汽来完成的描述，见詹姆斯·艾辛格的《杰卡德的网》（牛津：牛津大学出版社，2004）。

第127—130页—英国政府在差分机上的投资及其他关于杰卡德、巴贝奇和霍尔瑞斯的资料，摘自詹姆斯·艾辛格的《杰卡德的网》（牛津：牛津大学出版社，2004）。

第130页—迈克·哈利在他的《电脑—计算机时代的曙光故事集》中解释了电子计算的早期复杂情况（伦敦：格兰塔，2005）。

第130—131页—计算机能够做任何事情的不恰当建议，在戴维·哈雷尔的《有限的计算机：计算机真正能够做什么》一书中指出（牛津：牛津大学出版社，2004）。

第130—131页—摩尔定律的源起和详情，见英特尔网站：www.intel.com/technology/mooreslaw/index.htm。

第136页—晶体管发展情况，见迈克尔·赖尔登和莉莲·霍德森的《晶体之火》（纽约：诺顿出版社，1997）。

第138—140页—戴维·多伊奇关于具有自我意识计算机功能的解释，摘自P. C. W.戴维斯和J. R.布朗的《原子中的幽灵》（剑桥：剑桥大学出版社，1993）。

第138页—戴维·多伊奇关于量子计算机的开创性论文是《量子论，邱奇—图灵论和通用量子计算机》《伦敦皇家学会会报》，A辑，1985。

第140页—蒂姆·斯皮勒的量子位与颜色的比喻（与普通位和黑或白色相对照），见罗海光、桑杜·波佩斯库和蒂姆·斯皮勒的《量子计算和信息简介》（新加坡：世界科学出版社，1998）。

第141页—500量子位可以表示更多状态，每个量子位要求一个比宇宙中的原子数量还多的复杂数字来表示的说法，摘自迈克尔·A.尼尔森和艾萨克·L.庄的《量子计算和量子信息》（剑桥：剑桥大学出版社，2000）。

第144页—有关乔治·康托尔及其无限性研究的更多信息，见布莱恩·克莱格的《无限性简史》（伦敦：康斯太布尔&罗宾逊出版社，2003）。

第153页—对RSA的公共密钥加密算法的进一步详情,见西蒙·辛格的《密码故事》(伦敦:第四阶级出版社,1999)。

第162页—豪的将光速减为17米/秒的原创实验的描述,见L.V.豪、S.E.哈里斯、Z.达顿和C.H.贝赫罗兹的《超冷原子气中光速减至17米/秒》,引自《自然》397(1999):第594页。

第163页—豪的光停滞实验,见C.刘、Z.达顿、C.H.贝赫罗兹和L.V.豪的《采用停滞的光脉冲在原子介质中贮存耦合光学信息探讨》,引自《自然》409(2001):490。

第164页—卢金的光停滞实验的描述,见A.S.兹勃洛夫、M.巴杰科西和M.D.卢金的《原子介质中光的静止脉冲》,引自《自然》426(2003):638。

第164页—翰莫在钇晶体中将光停滞的实验的描述,见《物理评论快报》88(2002):023602。

第165页—采用一对氢原子核的量子计算实验的详细情况,见M.S.安瓦尔、J.A.琼斯、D.布拉兹那等的《通过氢高纯量子态,实现核磁共振量子计算》,引自《物理评论》A70(2004):032324。

第165页—自主NMR半导体实验的描述,见G.Yusa等《纳米级器件中核自旋的控制多量子耦合》,引自《自然》434(2005):第1001。

第166页—量子点实验的描述,见J.P.里斯麦尔等的《单量子点中的强耦合—半导体显微孔隙系统》,引自《自然》432 (2004): 197。

第167页—ENIAC真空管计算机的详细描述,摘自《电脑——计算机时代的曙光故事集》(伦敦:格兰塔,2005)。

第168页—理查德·休斯将量子计算机与真空管技术进行比较的描述,摘自朱利安·布朗的《探索量子计算机》(纽约:标准出版社,2000)。

第7章 镜子啊镜子

第171页—伍特斯和祖瑞克关于量子不可克隆的原论文是《单个量子无法克隆》,

W. K.伍特斯和W. H.祖瑞克，引自《自然》299，no.5886（1982）：802—803。

第172页—原隐形传送的论文，引自C.班奈特等的《通过双经典和爱因斯坦—波多尔斯基—罗森通道，隐形传送未知量子态》，引自《物理评论快报》70（1985）。

第172页—吉勒斯·布拉萨德关于隐形传送概念产生的评论，摘自朱利安·布朗的《探索量子计算机》（纽约：标准出版社，2000）。

第174页—安东·塞林格描述第一个隐形传送实验的论文，发表在《自然》390上（1997年12月11日）：575—579。

第176页—铯云纠缠的描述，见B.朱斯盖德、A.柯哲金、E. S.玻尔齐克的《两个宏观物体长期纠缠的实验》，引自《自然》413（2001）：400。

第176页—阿图尔·埃克特对完整隐形传送面临困难的评估，见2005年7月致作者的电子邮件。

第176页—铯云纠缠的下一步描述，见E.S.玻尔齐克等的《采用多原子群的纠缠和量子隐形传送》，引自《皇家哲学学会会刊》A：数学、物理学和工程科学361，第1808（2003）：1391—1399。

第178页—安东·塞林格对想要开一辆卡车通过干涉仪的指责所作的回应，摘自2004年10月在剑桥大学应用数学和理论物理学系的一次采访。

第179页—约翰·格里宾关于40年内电子隐形传送的预测，见约翰·格里宾的《薛定谔的猫》（伦敦：凤凰出版社，1996）。

第179页—安东·塞林格关于实验主义者永远不应使用"永远不会"这个词语的评论，是在2004年10月在剑桥大学应用数学和理论物理学系的一次采访中说的。

第8章　神奇啊神奇

第184页—意识的量子论在多篇论文中进行了探讨，如M. Jibu 和K. Yasue的《什么是精神？头脑中渐逝光的量子场论》，引自《信息学》21（1997）：471—490。

第185页—约瑟夫森对贝尔不等式的评论，被P.C.W.戴维斯和J.R.布朗的《原子中的幽灵》引用（剑桥：剑桥大学出版社，1993）。

第186页—关于皇家邮政纪念诺贝尔奖的邮票的资料，摘自2001年8月15日的皇家邮政新闻发布稿。

第186页—皇家邮政诺贝尔奖邮票的小册子，2001年10月2日发行，由皇家邮政许可复制。

第187页—关于皇家邮政诺贝尔奖邮票的新闻，出现在《自然》413期（2001年9月29日）：339。

第187页—关于皇家邮政诺贝尔奖邮票的新闻，出现在《观察家报》（2001年9月30日）。

第187页—詹姆斯·兰迪关于量子论和隐形传送之间缺乏联系的观点，作为布莱恩·约瑟夫森在BBC第4电台《今日》栏目采访的一部分，于2001年10月2日播出。

第192页—"神奇的方格"纠缠游戏是潘德马那巴汗·阿拉温德提出的《不含不等式及仅有两名远距观察者的贝尔定理》的简化版，引自《物理学基础快报》，No.4（2002）：397—405。

第194—195页—迈克尔·谢尔默对新时代科学家应用量子的批评，见《科学美国人》，2005年1月。

第195页—约翰·贝尔对物理学家花费时间讨论神秘主义的批评，引自杰里米·伯恩斯坦的《量子概论》（普林斯顿：普林斯顿大学出版社，1991）。

第197页—维拉特科·维特拉认为生命本身也许依赖纠缠的说法，摘自维拉特科·维特拉的《纠缠碰撞大时代》，引自《自然》425（2003）：28—29。

第198页—罗杰·彭罗斯关于缺乏普遍纠缠的观点，摘自罗杰·彭罗斯的《通往现实之路》（伦敦：乔纳森·凯普出版社，2004）。

第198页—虚构的九重冰，见库尔特·冯内古特的小说《猫的摇篮》（伦敦：戈兰茨出版社，1963）。

第198页—实际的IX冰的描述，见E.惠利、J.B.R.黑斯和D.W.戴维森，《IX冰：与III

冰有关的反铁电状态》，引自《化学物理学报》48（1968）：2362—2370。

第199页—菲儿·米森关于在超流体中挥动你的手的评论，摘自英国《卫报》的一次访谈（2003年10月8日）。

第200页—维拉特科·维特拉关于纠缠引起质量的推测，见维拉特科·维特拉的《迈斯纳效应和质量粒子，作为宏观纠缠的见证》，www.archive.orgquant—ph/0410021。

第202页—艾伦·阿斯派克特关于量子纠缠引发技术革命的推测，是他对约翰·贝尔《量子力学中可言说和不可言说的那些事情》介绍的一部分（剑桥：剑桥大学出版社，2004）。

致　谢

　　由于许多人的帮助，本书才得以付梓，谨在此对他们表示感谢。首先，我要感谢我的经纪人彼特·库克斯和我的编辑伊桑·弗里德曼。

　　然后，我要对那些为我提供资料、回答枯燥乏味的问题，为我指明正确方向的人士表示感谢。特别要感谢托尼·萨德伯利教授、皮特·莫里斯博士、安德鲁·惠特克、阿图尔·埃克特教授、布莱恩·约瑟夫森教授、安东·塞林格教授、洛弗·格罗弗博士、赫尔穆特·雅克布维茨博士、马库斯·乔恩博士、冈特·尼姆兹教授、戴维·霍夫教授、肯·贝茨、克莱尔·萨德伯利、杰森·辛森博士、霍华德·海博士及量子计算剑桥中心的员工。

　　最后，对于我这位待在家里不出门的作家通常所具有的恼怒和纠缠，吉莉安、丽贝卡、切尔西表示了宽容，对此，我必须向她们表示感谢。

量子
纠缠

译后记

当得知有机会译校以量子纠缠为主题的译著时，我们顿时产生极大兴趣。在译校的过程中，一边深入学习量子力学，一边对作者诙谐幽默又不失专业性的语言感到敬佩。译校这样专业性极高的内容是存在较大难度的。作为校译者，不仅要确保翻译的准确性，还要斟酌语言的使用。近期中国在量子纠缠领域取得了国际性突破，引起了国内人对量子纠缠的兴趣。本书读者多为对量子力学感兴趣的大众群体，如何让译文像原文一样既清晰易懂，还能使读者兴致盎然，成了此次译校的难点。在我们查阅各种中英文资料，学习量子纠缠专业知识之后，发现原译文因客观条件限制存在许多用词不准确或理解有误的地方，因此作了大量的订正和补译、重译。在各自完成独立的译校部分后，又多次在一起讨论，才终有此译文。

本书具体译校分工如下：

张馨尹译校第一、二章，孙慧敏译校第三、四章，徐林铃译校第五、六章，杨娜译校第七、八章并负责前言、注释以及整合全部译文，主持统一前后术语及格式体例等。

本书得以出版要特别感谢四川大学张露露教授始终关心和支持这本书的译校和出版工作，给予译校者种种支持。

尽管译校者已尽力作好工作，但由于时间和资料条件有限等诸种原因，在译校过程中，对作者谈到的部分内容，未能进一步穷究底蕴，敬祈读者谅解，同时欢迎译界同行多提宝贵意见。

2017年12月1日